前言

本书的创作动机

自从 AlphaGo 重新点燃了世人对人工智能（Artificial Intelligence）的热情，作为其核心技术之一的深度强化学习（Deep Reinforcement Learning，DRL）便吸引了无数关注的目光。来自全世界的研究者不断发布新的算法和"爆款"应用（如图 1 外围所示），新闻媒体也争相送上溢美之词，相关的公共研究平台和开源社区一片欣欣向荣，仿佛通用人工智能已经在向人类招手。然而，在光环背后，许多人对 DRL 落地过程的复杂性缺乏认识。此外，除了案例形式的论文或报道，业界鲜少见到对其中设计理念和工程技巧的系统性归纳，这阻碍了 DRL 在各行各业的进一步推广。

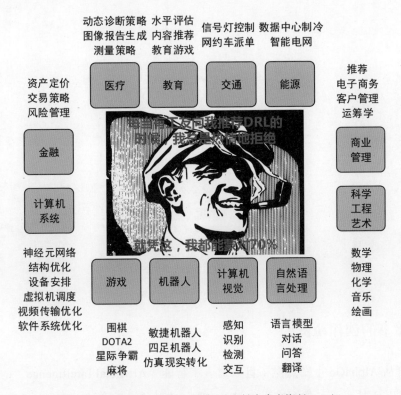

图 1　DRL 落地的 "冰与火之歌"（取材自参考资料[1,2]）

与此同时，针对 DRL 的批评也从未停歇过。囿于理论层面的固有短板，DRL 算法在学习效率、可复现性和泛化能力上饱受质疑（如图 1 中心所示）。现实中，除了视频游戏等少数领域，DRL 在实用性方面尚未表现出足够广泛的说服力。尤其是随着近年来人工智能热潮的整体降温，社会各界越来越关注 DRL 在噱头之外所能创造的真实经济效益，"强化学习无用论" 甚嚣尘上，悲观情绪也在这个领域蔓延开来。然而，作为一线从业人员，笔者亲眼见证了 DRL 算法在物流、交通和制造业应用中的成功落地，以及其在降本增效方面的确切效果。脱离了具体情境的一味贬损，使得 DRL 的潜在价值在很多时候被轻易忽视。

在笔者看来，上述关于 DRL 的两极化评价皆源自对其不切实际的期待。就现阶段而言，DRL 既不是通往强人工智能的天堂之路，也不是只会花拳绣腿的玩具摆设。一种较为公允的评价是 "有时能用，有时更好"，以此为标准更容易理

性地看待 DRL 这项技术。作为从业者，也应该努力超越抽象的算法原理和机械的动手实践，在认知层面通过归纳总结形成统一的方法论，并向外界积极地分享自己的所思所得。长此以往，DRL 终将在誉谤之间找到合适的位置，并为推动社会进步贡献应有的价值。本书便是笔者基于以上愿景，忝然执笔的抛砖引玉之作。

本书的阅读对象

本书对于任何希望了解 DRL 算法的落地过程、关心实操层面的相关理念和技巧的读者来说都十分有价值。本书既可以帮助初试牛刀的新手快速弥合 DRL 算法原理和落地实践之间的断层，也可以供具备一定实践经验的算法工作者查漏补缺和开拓思路。本书侧重方法论层面的归纳总结，基本不涉及理论推导和代码实现，建议有相关需求的读者借助其他渠道夯实基础，并与本书内容形成互补。

DRL 落地流程概述

如图 2 所示，在将 DRL 算法应用于实际任务时，首先要进行需求分析，客观评估 DRL 对于当前任务的适用性和性能提升空间，并明确任务中的智能体（学术界对决策主体的惯用名称，本书统称为 Agent）和环境；随后分别设计动作空间、状态空间和回报函数等核心要素，从而完成对强化学习问题的完整定义；接下来根据这些定义和任务自身的特点选择合适的 DRL 算法，并经过训练调试得到策略模型；如果策略性能不够理想，还需要根据对实验现象的分析持续改进上述流程和算法细节，必要时采用额外的性能提升措施，直到获得满意的策略为止；最后，将训练好的策略部署到生产环境中。

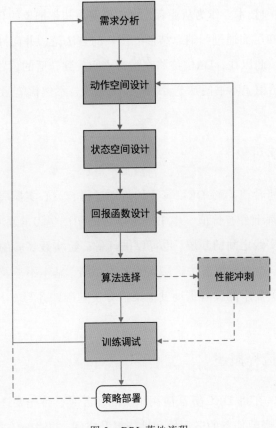

图 2　DRL 落地流程

　　图 2 中的虚线和虚线箭头表示可选项，动作空间设计、状态空间设计和回报函数设计三者之间的双向箭头表示协同设计。

本书的组织方式

　　本书使用独立章节，分别对图 2 所示 DRL 落地流程中的七个核心环节进行了系统介绍。读者既可以按照目录顺序通读本书，从而获得关于 DRL 算法应用过程的全貌，也可以将本书作为工具书，根据实际需要跳跃式地阅读相应章节，不同章节之间存在联系的内容会特别注明。以下是本书各章的内容简介。

- 第 1 章系统介绍如何就 DRL 算法的适用性对目标任务进行需求分析；

- 第 2 章介绍动作空间的常见类型，以及广义动作空间设计的三项基本原则和相关设计理念；

- 第 3 章介绍状态空间设计的注意事项和具体步骤，并强调其与动作空间和回报函数的协同设计理念；

- 第 4 章详细讨论回报函数中的各类成分、回报函数的设计方法和原则，以及应该避免的设计陷阱，随后简单介绍最优回报问题和基于学习的回报函数方案；

- 第 5 章梳理 DRL 算法的发展脉络，讨论根据任务特点选择算法的一般方法，随后深入介绍几种主流 DRL 算法的原理，并分析各自的优缺点及其可用的改进措施；

- 第 6 章介绍 DRL 算法的训练和调试过程中的方方面面，包括训练前的准备工作、超参数调整技巧和训练状态监控，并针对新手提供一些有用建议；

- 第 7 章补充几种可用于进一步提升 DRL 算法性能的通用方案，及其应用过程中的注意事项。

致谢

本书最初源自知乎专栏《深度强化学习落地方法论》，从发布之日起陆续收到许多强化学习爱好者各种形式的交流反馈，笔者从中汲取了宝贵营养，在此向他们表示诚挚的谢意。电子工业出版社郑柳洁女士在本书策划和创作过程中提供了大量专业指导，感谢她的辛勤付出。同时，也要感谢"深度强化学习实验室"同仁的大力支持，愿我们携手共同推动社区的繁荣发展。最后，感谢学术界、工业界各位前辈的鼓励和肯定，感谢家人在本书创作过程中给予的理解和包容，这本书献给你们！

参考资料

[1] Li Y. Reinforcement Learning Applications[DB]. ArXiv Preprint ArXiv: 1908.06973, 2019.

[2] IRPAN A. Deep Reinforcement Learning Doesn't Work Yet[R]. Internet Blog, 2018.

读者服务

微信扫码回复：41644

- 获取本书拓展视频学习资料
- 加入"人工智能"读者交流群，与更多同道中人互动
- 获取【百场业界大咖直播合集】（持续更新），仅需 1 元

目录

第 1 章
需求分析

1.1 需求分析：勿做 DRL 铁锤人

本章将详细讨论哪些问题适合用 DRL 算法解决，这对于评估用户需求和项目可行性至关重要。查理·芒格曾在不同演讲中反复引用一句谚语，"在只有铁锤的人眼中，每个问题都特别像钉子"[1]，并将这种人类普遍存在的思维倾向戏称为"铁锤人综合征"。如果读者对 DRL 很有好感，正在努力熟悉算法原理或者已经取得一些成功经验，就要警惕这种铁锤人综合征，避免将手段当成目的。

在笔者看来，算法工程师的核心能力可以总结成三点：

（1）对各种算法本质及其能力边界的深刻理解。

（2）对目标问题内在逻辑的深入分析。

（3）对两者结合点的敏锐直觉。

优秀算法工程师的高光时刻从拒绝不合理需求开始，其他的都是后话。不经慎重评估而盲目上马的项目不仅是对资源的巨大浪费，更是让每个参与者都陷在深坑中无法自拔，知道一种算法不能做什么与知道它能做什么同样重要。

　　须知任何机器学习方法都不是包治百病的灵丹妙药，它们都有各自的"舒适圈"，有时还相当挑剔。DRL 算法也同样有其鲜明的优势和局限性，因此务必要做到具体问题具体分析。**不是所有需求都适合用 DRL 解决，适合用 DRL 解决的需求在性能上也未必超越传统方法**。笔者根据 DRL 算法的特性和实践经验，总结出了一些方法论供读者参考。概括地说，在面对一个新需求时，需要依次回答"是不是"、"值不值"、"能不能"和"边界在哪里"四个问题。

1.2　一问"是不是"

1.2.1　Agent 和环境定义

　　什么是 Agent，什么是环境，这是强化学习问题中的首要概念，也是所谓强化学习四要素——状态、动作、回报和状态转移概率的前提与基础。对于大多数任务而言，通常只存在一个决策和行为的主体，此时关于 Agent 和环境的定义是显而易见的，即把该行为主体作为 Agent，把与之发生交互的各种外围元素的总和作为 Agent 的环境，从而形成典型的单智能体强化学习问题，这也是当前主流（深度）强化学习算法的研究对象。

　　然而，当任务中同时存在多个行为主体时，情况会变得更加复杂[2]。即使这些行为主体之间是完全同质和相互合作的关系，也至少存在两种 Agent 定义方案。第一种方案是将所有行为主体看作一个整体，从而构成单智能体强化学习问题；第二种方案是将每个行为主体都作为独立的 Agent，从而构成多智能体强化学习（Multi-Agent Reinforcement Learning，MARL）问题[3,4]。

　　第一种方案可以保证得到全局最优的联合策略，但状态空间维度和策略复杂度会随着行为主体数量的增加而迅速膨胀，导致算法难以扩展到大规模问题上；第二种方案通过每个 Agent 独立感知和决策避免了维度诅咒，但随之产生了多 Agent 间的贡献度分配（见 4.3.1 节）和联合探索难题[3,5]，以及多策略协同优化所导致的环境不稳定性（Environment Nonstationarity）[3,6,7]，从而影响算法的整

体性能。

1.2.2　马尔可夫决策过程和强化学习

判断某任务能否用 DRL 算法解决的第一步是搞清楚这是不是一个强化学习问题。笔者首先带领读者简单回顾强化学习问题的数学定义：在每个时间步 t，Agent 处于状态 s_t，并根据策略 $\pi(a_t|s_t)$ 采取动作 a_t，随后按照状态转移概率 $p(s_{t+1}|s_t,a_t)$ 进入下一个状态 s_{t+1}，同时从环境中获得回报 $r(s_t,a_t)$，强化学习的目标是找到最优策略 π^*，使得从任意状态或状态–动作组合起始的期望折扣累计回报 $^1E_{s_t,a_t\sim\pi^*}[\sum_{t=0}^{\infty}\gamma^t r(s_t,a_t)]$ 最大化，其中 $\gamma\in(0,1)$ 是折扣因子。以上过程被称为马尔可夫决策过程（Markov Decision Process，MDP）。若每步只能观测到部分状态信息，则称为部分可观测马尔可夫决策过程（Partially Observable Markov Decision Process，POMDP）。

MDP 和 POMDP 设定针对的是通常意义上的完备强化学习，但事实上强化学习的涵盖范围不止于此。如图 1-1 所示，当环境不存在特定状态转移概率分布 $p(s_{t+1}|s_t,a_t)$，或者说状态转移完全随机时，MDP 问题就退化为上下文多臂老虎机（Contextual Multi-Armed Bandits，CMAB）了；如果环境不存在状态的概念，或者说只有一个状态且没有状态转移，问题就进一步退化为多臂老虎机（Multi-Armed Bandits，MAB）。CMAB 和 MAB 都属于广义的强化学习范畴，甚至连图像分类任务都可以被看作是具有静态脉冲分布回报函数的 CMAB 问题，但我们应该用强化学习来求解图像分类吗？答案显然是否定的。

---

1 在强化学习语境中，折扣累计回报的数学期望有时被称为值。习惯上，某起始状态对应的值记作 Value，某起始状态–动作组合对应的值则记作 Q Value（Q 值）。

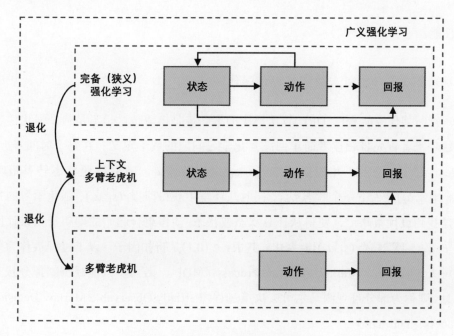

图 1-1　强化学习和两种退化问题设定

在完备强化学习问题设定（即 MDP 或 POMDP）中，每步采取的动作以特定概率影响状态转移，环境回报由状态和动作共同决定，并且可能存在延迟（虚线箭头）；上下文多臂老虎机从环境中得到即时回报，且状态随机转移；多臂老虎机没有状态的概念，只从环境中获得关于动作的即时回报。

正如最适合图像分类任务的学习方式是有监督训练，CMAB 和 MAB 问题也都有各自最有针对性的解决方案[8-10]，因此应当将它们与**完备**强化学习问题区分开。我们通常所说的以及本书所关注的强化学习，都是用于 MDP 或 POMDP 问题的优化，其核心特征除连续多步决策之外，还有一点是**动作会以特定规律反过来影响状态**。当手头的任务满足上述特征时，就可以将 DRL 作为一种备选方案，当然这并不代表它是唯一的甚至最优的方案，本章接下来的内容将就此进一步展开讨论。

1.3 二问 "值不值"

对于一个初步完成定义的 MDP 优化任务，在判断其是否适合用 DRL 算法作为解决方案时，首先需要考虑两种可能性：能否使用规则或启发式搜索，以及是否应该使用传统强化学习算法。这两个问题实际上是在讨论值不值得用 DRL 甚至强化学习算法来求解目标任务，而答案取决于任务解空间的大小和复杂度。任务解空间通常表示为 $\mathcal{S} \times \mathcal{A}$，即状态和动作的复合空间。为了便于说明，笔者在图 1-2 中列举了四种典型的任务解空间类型，在接下来的几节中分别予以讨论。

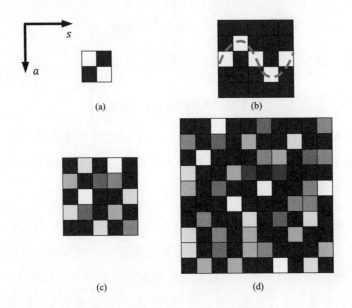

图 1-2　四种典型的任务解空间类型

图 (a) ～ 图 (d) 分别在抽象层面代表小型、中型（两种）和大型任务的解空间，图中的灰度值表示某状态–动作组合所对应的折扣累计回报的数学期望（即 Q 值）。

1.3.1 试试规则和启发式搜索

许多强化学习入门资料都习惯将一些简单任务作为研究对象，如图 1-3 所示的一阶倒立摆和小车爬坡任务等。一方面，这些任务确实可以被强化学习甚至

DRL 较好地解决，从而达到出色的演示效果；另一方面，站在实用角度考虑，强化学习无论在效率还是性能上都可能并非最佳方案。以图 1-3(a)所示的一阶倒立摆任务为例，几乎所有控制理论和算法都可以用于求解，例如 PID 控制、模糊控制、滑膜控制和各种组合控制方法，强化学习仅仅是其中一种而已。

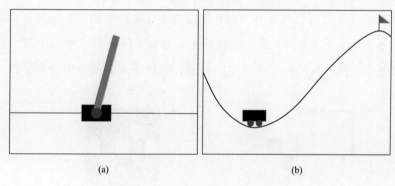

(a) (b)

图 1-3 一阶倒立摆和小车爬坡任务

图(a)中的一阶倒立摆任务通过控制底座的实时平移使倒立摆保持平衡。图(b)中的小车爬坡任务需要小车先行驶到左侧矮坡，然后利用重力势能转化而成的动能一举冲上右侧终点。

实践中可能遇到图 1-2(a)所代表的小型解空间任务，它们的状态和动作空间维度不高，**或者由于附加限制[1]使得实际解空间较小**，往往依靠观察分析就能总结出规律，然后用 if-else 形式的规则或者启发式搜索[11-14]即可较好地解决问题。图 1-2(b)代表了另一类任务解空间，它们虽然具有较高的维度，但状态和动作之间存在某种可以被数学建模的特殊映射关系，使相应任务达到理想性能，此时适合通过理论分析和采样修正等手段解决问题。例如，在图 1-3(b)所示的小车爬坡任务中，根据基本物理定律即可推算出直接向右爬坡不可行，以及向左爬坡所需的最低高度，用于求解倒立摆任务的各种传统控制算法也可以被划入这一范畴。

在解决实际问题时，应该追求条件允许范围内的最优定制化方案。这些方案

---

1 既包括客观存在的硬性限制，也包括为了降低问题复杂度而主动添加的限制，例如"靠右行驶"就是为了简化交通管理所实施的附加限制。

可能抓住了底层的物理和数学本质，可能充分挖掘了任务逻辑和先验知识，可能将计算机的强大算力发挥到了极致，甚至可能通过主动设置高度可控的应用场景规避了很多棘手问题，从而使得它们在效率和性能方面具有显著优势，至少作为强大的基线（Baseline）方案令人们重新审视强化学习尤其是 DRL 算法的真正价值。如果后者相对传统方案不能带来足够显著的性能提升（例如超过 5%），甲方可能根本没有动力去推动新技术的落地，毕竟边际效益不足，而更换方案本身也要付出成本。

1.3.2　别忘了传统强化学习

在图 1-2(c)所示的解空间中，一方面，由于维度较高导致很难通过观察发现有效规则，且启发式搜索所需的算力和存储能力显著增加，难以利用有限资源获得满意性能；另一方面，状态–动作组合的期望累计回报分布无显著规律并呈现多模态特征，即在相同状态下不同动作的期望累计回报较为接近。强化学习在这类任务中是可能具有优势的，并且**在解空间可穷举、规模适中**的前提下，诸如Q-Learning 和 Sarsa[15]等传统强化学习算法的性能未必逊于 DRL 算法。

由于 Q-Learning 和 Sarsa 等算法直接以表格的形式存储并更新状态–动作组合的值估计，不需要拟合神经网络，因此在调参难度和训练稳定性方面往往优于DRL 算法。同样的任务用 Q-Learning 可以成功解决，但换成 DQN 后却难以收敛的情况时有发生。当一个 MDP 问题可以通过传统强化学习算法解决时，除非出于学习或其他特殊目的，否则完全没有必要坚持使用 DRL。这是因为在规模可控的任务解空间中，神经网络尚不足以表现出相对于表格的优势。事实上，只有收起对神经网络黑盒学习范式乃至任何特定算法的执念，才能在实际应用中做到放宽视野、广泛涉猎和客观比较，并从中找到效果最好的定制化解决方案。

1.3.3　使用 DRL 的理由

图 1-2(d)代表了一类大型任务的解空间，它们具有很高的维度，状态–动作组合的期望累计回报不存在可以辨识和利用的特殊规律，并且呈现多模态特征，

这种任务才是真正能够发挥 DRL 算法核心优势的应用场景。如果说有什么理由不得不使用 DRL 的话，笔者认为可以总结为如下三点：

（1）难以从庞大的解空间中分析出有效规则和启发式搜索方案，或者解空间中可能存在比已有规则和启发式搜索更好的方案。由于任务复杂度已经远远超出了人类脑力的极限，甚至计算机算力也不足以在可控时间内承载更深入的启发式搜索，此时几乎可以肯定解空间中隐藏着突破常识和想象力的更高性能区域，而DRL 算法的自由探索学习方式，以及深度神经网络对高维空间的建模能力，有助于挖掘出这些区域。

（2）解空间维度过高或不可穷举，基于表格值估计的传统强化学习算法（如Q-Learning）在存储空间和计算效率上遇到瓶颈。DRL 一方面利用深度神经网络的强大表征能力将值估计以函数映射的形式拟合到网络参数中，从而克服了超高维表格的资源占用问题，另一方面得益于神经网络的内插泛化能力，即使在训练过程中从未出现过的状态也可以获得对应的值估计和策略输出。

（3）类似于二维图像和长跨度时序信息等高维状态信息中包含大量冗余成分，有赖于深度神经网络的强大特征提取能力，从中提炼出有用的高层抽象语义特征，并建立起长期决策相关性。

回顾近些年围绕 DRL 算法的里程碑式应用，无不具有"星辰大海"级别的复杂度。例如 AlphaGo[11]所攻克的围棋，虽具有理论上可穷举的离散化棋盘状态，但解空间数量级大得难以想象，远非本世纪初被"深蓝"[12]征服的国际象棋可比；而诸如 DOTA2[16]、《星际争霸》[17]等大型视频游戏，状态输入都是高分辨率图像和其他连续信号，每局持续时间更以小时计，传统方案只能望洋兴叹了。正是由于强化学习算法与深度神经网络的成功结合，才使得 AI 的能力圈又向外扩展了一大步。

综上所述，在决定应用 DRL 解决实际问题之前，一定要认真评估任务场景是否有足够的优化空间。具体地说，就是是否在可穷举层面或"去偏见"层面存在超越传统算法的可能性，以及在特征提取和表征能力上是否有使用深度神经网络的必要。而正如上文所分析的那样，这种可能性和必要性通常存在于足够大的

可自由探索的解空间中。值得一提的是，在深度学习时代人们很容易高估任务场景的可优化空间，而倾向于低估问题的可解析程度，满怀期待地挥舞 DRL 攻城锤，结果性能却常常败给传统算法，最后白忙活一场。

1.4 三问"能不能"

在明确了使用 DRL 算法的必要性后，还需要仔细评估其可行性，即回答"能不能"的问题，这对于保证算法的实用价值至关重要。在具体层面，这取决于目标任务是否满足场景固定和数据廉价两个关键要求。前者关系到训练后的策略能否顺利迁移至部署环境并维持高性能，而后者则决定了是否有足够多的数据使 DRL 算法成功收敛。

1.4.1 场景固定：两个分布一致

强化学习被批评是唯一允许在训练集上进行测试的算法[18]，这在笔者看来有些言过其实。尤其对于 DRL 来说，它和图像分类等有监督学习一样，追求的都是独立同分布[1]下的内插泛化能力。有监督学习的训练集和测试集也可以被看作是从"环境"中采样得到的，但对数据集的严格划分使两者完全没有交集。DRL 在此基础上比有监督学习多了从环境中主动采样的特权，同时测试样本有一定概率在训练过程中出现过，这并未违反独立同分布的定义，而且这种概率会随着任务解空间的增大而下降。考虑到强化学习问题设定比有监督学习难度更高，以上特权和测试条件的放松似乎并不过分。

如果说有监督学习的训练过程是针对某个目标函数，关于输入数据的单分布定制优化，DRL 则是关于输入状态和状态转移概率的双分布定制优化。算法从前者习得定制化的特征提取能力，并根据后者学会基于上述特征的定制化决策或估值能力，所谓 DRL 算法的内插泛化能力就是针对这两个分布而言的。相应地，

---

1 独立同分布，即 independent and identically distributed（i.i.d），是指训练集和测试集均从同一个数据分布下独立采样，但并不要求它们严格互斥。

场景固定的内涵就是要求这两种分布在训练环境和部署环境中尽可能保持稳定和一致，从而保证这些定制化知识既可以被学会，又可以在部署时继续有效。

1. 状态分布一致

严格地说，状态分布$p(s)$是由初始状态分布$p(s_0)$、策略$\pi(a|s)$和状态转移概率$p(s'|s,a)$共同决定的，其中最根本的影响因素还是来自环境的固有属性。关于状态分布的一致性，可以参考图 1-4(a)所示的围棋游戏，若训练时直接采用左半边木质棋盘的原始图像作为输入，那么 DRL 算法中神经网络的特征提取功能将会在这种特殊状态分布下高度定制化。若后续把游戏切换至右上角的极简风格或右下角的"化石"风格，无论是棋盘底纹还是棋子样式均发生了显著变化，则相当于状态信息进入了另外一种截然不同的分布，原来的网络将无法提取出有效的高层特征，而之前习得的技能也就全部失效了。

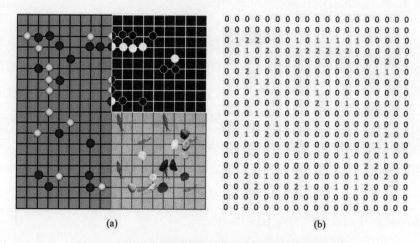

图 1-4　不同风格的围棋棋盘和状态信息的抽象化预处理

为了使同一套 DRL 算法适用于各种棋盘风格，一种有效手段是对原始信息进行**抽象化预处理**。如图 1-4(b)所示，整张棋盘被抽象化为 19×19 大小的矩阵，空白位置、白子和黑子被分别表示为 0、1 和 2。这种做法不仅避免了神经网络对棋盘和棋子具体物理属性的过拟合，还可以消除棋子摆放不正的影响，可谓一举两得。无论棋盘和棋子实际长什么样，状态分布都始终保持一致。状态信息的抽

象化预处理可以被推广到任何 DRL 应用中以提高策略的泛化能力，该方法属于状态空间设计的范畴，在第 3 章中将详细介绍。

　　注意，不是所有任务都能够采取抽象化预处理来保证状态分布的一致性，例如图 1-5 所示的二维地图导航任务，首先使用 DRL 算法训练 Agent 在所示的 A 地图［如图 1-5(a)所示］中从起点出发抵达终点，策略将学到关于 A 地图的定制化知识，而这些知识很可能会在陌生的 B 地图［如图 1-5(b)所示］中失效。然而，如果在训练时采用随机生成的相同风格的地图［如图 1-5(c)所示］，并假设算法训练充分且成功收敛，那么状态分布将会扩展至更大范围［如图 1-5(d)所示］，神经网络也将学会关于同类地图的通用导航知识[19]，从而可以在同分布内的陌生地图上内插泛化。

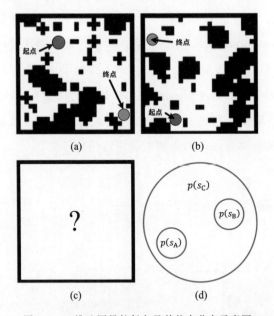

图 1-5　二维地图导航任务及其状态分布示意图

　　任务开始时，Agent 从地图中某个随机起点出发，并在到达另一个随机位置（终点）后结束。A、B 地图由于障碍物形状和位置差异而各自对应不同的状态分布$p(s_A)$和$p(s_B)$，相互之间不能直接做策略迁移，$p(s_C)$代表同类地图的总状态分布，$p(s_A)$和$p(s_B)$均属于$p(s_C)$的子集。（图(a)和图(b)引自参考文献[20]）

2. 状态转移概率分布一致

所谓状态转移概率分布一致，就是要求 Agent 在任意状态s下采取动作a后，进入下一个状态s'的概率分布$p(s'|s, a)$保持不变。这个概率分布只与环境特性有关，**通常被称为环境模型**（Model）。恒定的状态转移概率分布是 MDP 的基本假设，也是强化学习的理论基础。任何（深度）强化学习算法都是通过显式（Model-Based）或隐式（Model-Free）地依据该分布来优化策略和值估计的。如果环境模型在实际部署时发生改变，那么策略性能也会受到损害甚至完全失效。

如图1-6(a)所示，Agent 在环境中探索时遇到一条深沟（gap），直接跳过去（jump）有 1%的概率被落石击中（dead）和 99%的概率安全抵达对面（live），其状态转移概率分布为$p(\text{dead}|\text{gap}, \text{jump}) = 1\%$和$p(\text{live}|\text{gap}, \text{jump}) = 99\%$。单独考虑这一步，该分布下的最优策略显然是直接跳过去；但如果该分布变成$p(\text{dead}|\text{gap}, \text{jump}) = 99\%$和$p(\text{live}|\text{gap}, \text{jump}) = 1\%$，那么最优策略就是绕路而不是直接跳过去。如图 1-6(b)所示，Agent（红色）与对手（绿色）比武，假如对手的招数突然从少林派变成武当派，Agent 之前积累的对付少林派的技能将全部失效，并很可能因此败下阵来。可见，Agent 要学会最优策略以及该策略的持续有效，都有赖于状态转移概率分布在训练和部署阶段恒定不变。

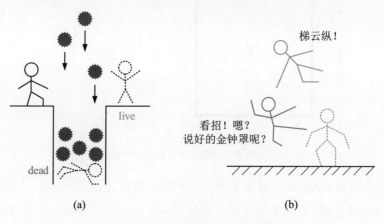

(a)   (b)

图 1-6　状态转移概率分布示意图

在实际应用中，上述环境模型的极端变化情形是较容易识别并可事先加以防范的，而状态转移概率分布一致要求的最大挑战通常来自使用模拟器（Simulator）训练时带来的 Reality Gap（现实鸿沟），1.4.2 节将对此进行更深入的讨论。另外，在图 1-6(b)所示的比武任务中，如果希望 DRL 算法学会通用的制胜技能，从而在各种对手面前都能应付自如，则需要仿照图 1-5(c)所示的思路，设法获取风格、水平各异的对手并加入训练，使状态转移概率分布扩展至更大范围。类似的思想在 DeepMind 的 AlphaGo[11]、AlphaStar[17]和腾讯的 WeKick[21]等热门 AI 应用中均得到了体现。

1.4.2　数据廉价：多、快、好、费

由于强化学习缺乏高效的监督信号，再加上深度神经网络众所周知的特点，DRL 算法天然地需要大量数据进行训练[22]，这也是 DRL 一直被学术界诟病的重要缺陷——低样本效率（Low Sample Efficiency）。因此，高速度、高质量的训练环境是 DRL 算法实用化的关键所在。其中，高速度保证了 DRL 算法能够在可控时间内采集足够多的样本从而顺利收敛，而高质量则代表训练环境和部署环境差异较小，使训练后的策略在现实场景中保持较高性能，即符合 1.4.1 节所介绍的场景固定要求。

对于涉及硬件的应用（如机器人），要同时满足以上标准是不太容易的。若采用实体硬件直接采样，虽然可以获得理想质量的数据，但最高采样速率不得不受限于实际物理条件；多设备并行采样虽然能够在一定程度上弥补绝对速率的不足，但需要高昂的前期投入，因此在机器人领域只有 Google 等少数经费充裕的大公司才会采用这一策略［如图 1-7(a)所示］。此外，硬件设备在随机探索的过程中可能会对环境和自身造成潜在危害，并且需要频繁的人工干预，这些都会引入额外的成本。

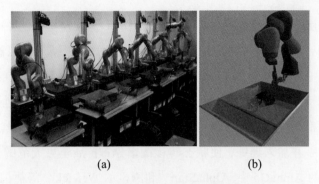

(a)   (b)

图 1-7　实体硬件采样和模拟器采样

图(a)中 Google 使用 7 台价格昂贵的 KUKA LBR iiwa 机器人花费数月时间采样并训练抓取技能；图(b)为 KUKA LBR iiwa 机器人的仿真环境示例。（引自参考文献[23]）

类似于图 1-7(a)所示的实体硬件采样，高资金投入、长运行周期，以及对人工干预和设备维护的需求均显著推升了数据成本，这对于样本效率较低的 DRL 算法来说是致命的。此外，在实际应用中还存在另一种形式的数据"贵"。由于在 DRL 算法训练过程中需要 Agent 在环境中充分探索，在训练前期策略性能较差时，不合理的动作十分普遍，在电商和短视频等应用场景中，在线探索往往会带来较差的用户体验乃至造成用户流失，这意味着直接经济损失，对企业来说是不可接受的[24]。

为了克服数据贵这一难题，业界的常规做法是使用模拟器对真实环境进行仿真［如图 1-7(b)所示］，从而以极低成本生成无限量的数据用于强化学习算法训练。由于软件系统便于提速和并行化，模拟器在采样速率方面具有显著优势，唯一的挑战在于数据质量。毕竟真实世界是非常复杂的，模拟器几乎不可能完美复现背后的物理模型，且不可避免地存在各种各样的误差，学术界将这种建模误差称为 Reality Gap。在将仿真环境下训练的策略迁移到部署环境时，Reality Gap 使场景固定的要求得不到满足，从而影响策略的实用价值。

并非所有模拟器都存在 Reality Gap，其中最典型的代表是视频游戏和棋牌类游戏（如图 1-8 所示）。前者的工作（部署）环境本身就是虚拟的，从而便于在

仿真环境中精确还原环境模型。例如，DeepMind 与暴雪公司合作推出的 SC2LE 平台[17]就使用了《星际争霸》的原装游戏引擎，训练好的 DRL 策略可以直接拿来与人类玩家 PK；棋牌类游戏具有完全明确的规则，而环境模型全部体现在这些规则中，无论在虚拟环境还是现实中都完全一致。以上这些任务被统称为 "Game as Simulation"（仿真即游戏），是目前 DRL 算法应用最广泛、最成功的领域。

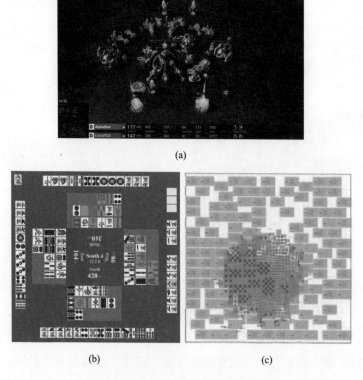

图 1-8　Game as Simulation 任务示例

图(a)~图(c)分别展示了《星际争霸》、日本麻将和电子芯片布局应用。类似于棋牌类游戏，在电子芯片布局任务中，由于任何布局对应的导线长度和拥塞计算规则都是确定的，因此不存在 Reality Gap，可以用 DRL 算法实现仿真优化和无缝部署。（图(a)~图(c)分别引自参考文献[17,25,26]）

当然，不是所有任务都能做到 Game as Simulation，但也不用灰心，只要尽

量缩小模拟器的 Reality Gap，就仍然能用 DRL 算法训练出具备实用价值的策略。具体地，需要对目标场景做详细分析，抓住造成 Reality Gap 的主要因素，并将其中能够模拟的部分尽可能精确还原。比如图 1-9(a)所示的四足机器人[27]，模拟器在尺寸、重心、关节驱动器参数、运动控制算法等方面尽可能与实际保持一致，并对普遍存在的信号传输延迟、摩擦力等因素进行模拟，如果条件允许，还可以采集真实场景数据对模拟器进行校正，甚至像图 1-9(b)所示的那样定量评估 Reality Gap。

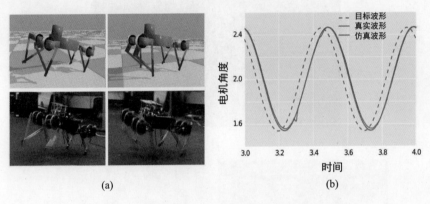

图 1-9　高仿真模拟器示例（引自参考文献[27]）

尽管 DRL 算法的发展日新月异，但其低下的数据效率仍亟待从基础理论层面取得突破。在解决极端复杂的大规模任务时，DRL 算法的训练周期通常以周、月计。如果根据采样进程数和加速比率换算成现实世界中的绝对时间，则有可能相当于几十年、上百年甚至更长时间[11,17]，这更加印证了高速、优质的模拟器在当前阶段的重要性。事实上，正是通过肆意"挥霍"模拟器提供的廉价数据，才诞生了一个又一个闪耀的 DRL 应用里程碑。

1.5　四问"边界在哪里"

在实际应用中，对于 DRL 算法在一个具体任务中的"职责范围"需要清晰界定。即使经过仔细评估后认为 DRL 可以带来较为显著的整体性能提升，也不

代表任务内部每个子功能模块都应该交给 DRL 处理。笔者在 1.3 节中介绍过规则和启发式搜索在很多任务中的性能并不亚于强化学习甚至更有优势，同理，任务中每个子功能模块也都可能有各自最适用的解决方案。这就好比一道"地三鲜"中的土豆、青椒和茄子按照食材特点分开处理，成菜的口感要远好于一锅乱炒，盲目使用 DRL 算法大包大揽反而可能使任务的整体性能潜力得不到充分挖掘。

尽管端到端的应用方式是 DRL 乃至深度学习领域的发展趋势，但在实践中通常只把任务的核心功能模块定义为强化学习问题并交由 DRL 算法解决，其他次要模块则可依据各自特点选择最适用的方案；在某些情况下，甚至可以用多个独立策略分别负责不同的功能模块，然后再将它们以恰当的方式组合起来（如图 1-10 所示）。这样做的好处有很多：首先，可以简化复杂任务的问题定义，避免将特点迥异的子功能模块强行"糅合"到一起处理；其次，可以充分利用各种先验知识，从而提升整体性能；最后，可以压缩具体问题的解空间，从而降低 DRL 算法的学习难度。

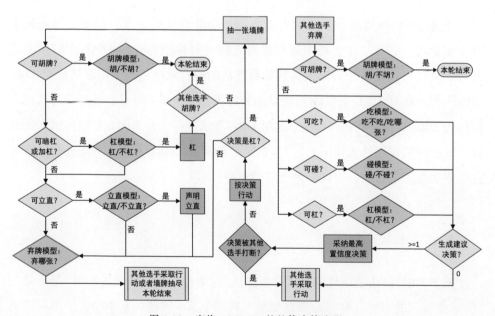

图 1-10　麻将 AI Suphx 的整体决策流程

Suphx 将决策功能分为弃牌（Discard）、吃（Chow）、杠（Kong）、碰（Pong）、Riichi（立直）和和牌（Winning）共 6 个子功能模块，分别对应独立的决策模型（绿色）。其中弃牌模型（红框）采用 DRL 算法解决，吃、杠、碰和立直模型均使用专家数据进行有监督学习，考虑到和牌时机的选择涉及许多先验知识和分析判断，因此采用了一套基于纯规则的和牌模型。所有 6 个模型按照图中的决策流程组合成一个完整的麻将 AI 决策系统。（引自参考文献[25]）

至于一个子功能模块是否应该交给 DRL 算法或者用其他方法解决，甚至相关子功能模块的划分和定义，未必能在项目评估阶段完全确定。很多时候是在实践过程中发现 DRL 算法难以处理或处理得不好的环节，然后尝试将这些环节作为子功能模块采用其他方法解决，最终找到一种使整体性能最优的协同式混合方案的。需要注意的是，与 DRL 算法发生交互的任何独立子功能模块都属于 Agent 环境的一部分，将会对策略产生直接影响。因此，遵照 1.4.1 节中场景固定的要求，这些子功能模块应该在训练和部署阶段保持恒定。

上述 DRL 和其他方法分别负责不同子功能模块的方案，并不是协同式混合方案的唯一形式，在实践中还可以对它们进行你中有我、我中有你的深度融合。例如，可以在基于规则或传统控制算法的原有策略基础上训练增量式 DRL 策略[27,28]，此时 DRL 算法学习的是如何修正原有策略的不足；还可以将其他方法作为 DRL 动作空间的一部分，此时 DRL 算法学习的是如何在恰当时机切换到这些方法使其发挥最大作用（见 2.3.2 节）。同样地，DRL 算法在训练过程中将对这些方法高度定制化，因此必须使它们保持恒定。

1.6 本章小结

关于 DRL 算法适用性的需求分析方法，笔者在本章中将其提炼为"是不是"、"值不值"、"能不能"和"边界在哪里"共四个基本问题，基本涵盖了需求评估的主要方面。其中 1.1 节强调了应理性看待 DRL 技术，不能为了用而用；1.2 节介绍了 Agent 和环境定义，以及 MDP、POMDP 和广义/狭义的强化学习问题设定；

1.3 节基于几种典型的任务解空间类型，讨论了规则、启发式搜索和传统强化学习算法相对于 DRL 可能存在的优势，以及使用 DRL 算法的几点核心理由；1.4 节介绍了使 DRL 具备实用价值的两个必要条件，即场景固定和数据廉价；1.5 节指出了盲目以端到端方式应用 DRL 的弊端，并介绍了在实践中常用的协同式混合方案。

总体而言，应该在具有足够的可优化空间和高速、优质训练环境的任务中使用 DRL 算法，同时不要吝惜对人类智慧、先验知识和计算机算力的充分利用，并合理发挥传统方案对 DRL 的替代价值和协同作用。此外，从学术角度看待 1.4 节中关于使用 DRL 的两个必要条件，笔者必须承认它们多少有些 "原教旨主义"，这背后反映了 DRL 算法目前在易用性、泛化能力和样本效率等方面的种种不足，而这些正是学者们孜孜不倦寻求突破的对象，相信有朝一日它们将不再成为 DRL 应用的束缚。

在经过严谨的需求分析并确定使用 DRL 作为当前任务的解决方案后，接下来就要根据所选定的 Agent 及其环境，进一步实现强化学习问题的完整定义，即完成状态空间、动作空间和回报函数的设计工作。它们是 DRL 算法应用中的核心要素，对策略性能有着举足轻重的影响，笔者将使用随后三章的内容分别对它们进行详细介绍。根据在实际应用中常见的先后顺序，第 2 章将首先讨论动作空间的设计方法。

参考文献

[1] 考夫曼. 穷查理宝典：查理·芒格的智慧箴言录[M]. 李继宏, 译.北京：中信出版社，2016.

[2] LOWE R, WU Y, TAMAR A, et al. Multi-Agent Actor-Critic for Mixed Cooperative-Competitive Environments[DB]. ArXiv Preprint ArXiv: 1706. 02275, 2017.

[3] PANAIT L, LUKE S. Cooperative Multi-Agent Learning: The State of the Art[J]. Autonomous Agents And Multi-Agent Systems, 2005, 11(3): 387-434.

[4] SUNEHAG P, LEVER G, GRUSLYS A, et al. Value-Decomposition Networks for Cooperative Multi-Agent Learning[DB]. ArXiv Preprint ArXiv:1706.05296, 2017.

[5] FOERSTER J, FARQUHAR G, AFOURAS T, et al. Counterfactual Multi-Agent Policy Gradients[C]//Proceedings of the AAAI Conference on Artificial Intelligence. 2018, 32(1).

[6] KHAN A, ZHANG C, LEE D D, et al. Scalable Centralized Deep Multi-Agent Reinforcement Learning via Policy Gradients[DB]. ArXiv Preprint ArXiv:1805.08776, 2018.

[7] AL-SHEDIVAT M, BANSAL T, BURDA Y, et al. Continuous Adaptation via Meta-Learning in Nonstationary and Competitive Environments[DB]. ArXiv Preprint ArXiv:1710.03641, 2017.

[8] GITTINS J C. Bandit Processes and Dynamic Allocation Indices[J]. Journal of the Royal Statistical Society: Series B (Methodological), 1979, 41(2): 148-164.

[9] AUER P, CESA-BIANCHI N, FISCHER P. Finite-Time Analysis of the Multiarmed Bandit Problem[J]. Machine Learning, 2002, 47(2): 235-256.

[10] BUBECK S, MUNOS R, STOLTZ G. Pure Exploration in Finitely-Armed and Continuous-Armed Bandits[J]. Theoretical Computer Science, 2011, 412(19): 1832-1852.

[11] SILVER D, HUANG A, MADDISON C J, et al. Mastering the Game of Go with Deep Neural Networks and Tree Search[J]. Nature, 2016, 529(7587): 484-489.

[12] CAMPBELL M, HOANE JR A J, HSU F. Deep blue[J]. Artificial Intelligence, 2002, 134(1-2): 57-83.

[13] SINGH Y, SHARMA S, SUTTON R, et al. A Constrained A* Approach Towards Optimal Path Planning for An Unmanned Surface Vehicle in A Maritime Environment Containing Dynamic Obstacles and Ocean Currents[J]. Ocean Engineering, 2018, 169: 187-201.

[14] SILVER D. Cooperative Pathfinding[J]. Aiide, 2005, 1: 117-122.

[15] SUTTON R S, BARTO A G. Reinforcement Learning: An Introduction[M]. 2nd ed. Cambridge: MIT press, 2018.

[16] RAIMAN J, ZHANG S, WOLSKI F. Long-Term Planning and Situational Awareness in Openai Five[DB]. ArXiv Preprint ArXiv:1912.06721, 2019.

[17] VINYALS O, BABUSCHKIN I, CHUNG J, et al. AlphaStar: Mastering the Real-time Strategy Game Starcraft II[J]. DeepMind Blog, 2019, 2.

[18] IRPAN A. Deep Reinforcement Learning Doesn't Work Yet[R]. Internet Blog, 2018.

[19] SCHAUL T, HORGAN D, GREGOR K, et al. Universal Value Function Approximators[C]//International Conference on Machine Learning. PMLR, 2015: 1312-1320.

[20] TAMAR A, WU Y, THOMAS G, et al. Value Iteration Networks[DB]. ArXiv Preprint ArXiv:1602.02867, 2016.

[21] YE D, LIU Z, SUN M, et al. Mastering Complex Control in MOBA Games with Deep Reinforcement Learning[C]//Proceedings of the AAAI Conference on Artificial Intelligence. 2020, 34(04): 6672-6679.

[22] DULAC-ARNOLD G, LEVINE N, MANKOWITZ D J, et al. An Empirical Investigation of the Challenges of Real-World Reinforcement Learning

[DB]. ArXiv Preprint ArXiv:2003.11881, 2020.

[23] KALASHNIKOV D, IRPAN A, PASTOR P, et al. Qt-Opt: Scalable Deep Reinforcement Learning for Vision-Based Robotic Manipulation[DB]. ArXiv Preprint ArXiv:1806.10293, 2018.

[24] 笪庆，曾安祥. 强化学习实战：强化学习在阿里的技术演进和业务创新[M]. 北京：电子工业出版社，2018.

[25] LI J, KOYAMADA S, YE Q, et al. Suphx: Mastering Mahjong with Deep Reinforcement Learning[DB]. ArXiv Preprint ArXiv:2003.13590, 2020.

[26] MIRHOSEINI A, GOLDIE A, YAZGAN M, et al. Chip Placement with Deep Reinforcement Learning[DB]. ArXiv Preprint ArXiv:2004.10746, 2020.

[27] TAN J, ZHANG T, COUMANS E, et al. Sim-to-real: Learning Agile Locomotion for Quadruped Robots[DB]. ArXiv Preprint ArXiv: 1804. 10332, 2018.

[28] JOHANNINK T, BAHL S, NAIR A, et al. Residual Reinforcement Learning for Robot Control[C]//2019 International Conference on Robotics and Automation (ICRA). IEEE, 2019: 6023-6029.

第 2 章
动作空间设计

2.1 动作空间设计：这里大有可为

2.1.1 被忽视的价值

在将 DRL 应用于实际项目时，动作空间设计通常是最先完成，也是最让人轻松愉快的部分。倒不是因为这项工作简单，而是 Agent 的控制方式往往在一开始就被限定死了，留给算法工程师发挥的空间不大。正如游戏玩家无法决定 *DOTA* 有多少种基本操作，使用者也无法改变一个机器人的关节数量和各自的活动范围。在学术界，类似于 Gym[1]和 Rllab[2]等热门 DRL 研究平台的用户甚至从来不需要为这个问题操心，因为每种任务的动作空间有多少维、是连续式的还是离散式的、在什么范围内取值等都早已被定义好，最多根据它们来判断任务的类型和难度，并选择有针对性的算法，仅此而已。

然而，当目标任务允许算法工程师在一定程度上自由定义动作空间时，请一定要珍惜这样的机会，因为这里大有可为。一方面，经过精心设计的动作空间能够显著提升 DRL 算法的探索效率，从而降低算法的学习难度，并提升其最终性能。对于特定任务而言，**动作空间在事实上决定了任何算法所能达到的性能上限；**

另一方面，在 DRL 落地实践中，动作空间、状态空间和回报函数三者之间常常需要一定程度的协同设计，而优秀的动作空间也会反过来简化状态空间和回报函数的设计工作。因此，动作空间设计理应得到从业者的足够重视。

2.1.2 动作空间的常见类型

动作空间主要包括离散式和连续式两种类型，具体采用哪种类型与目标任务自身的控制方式息息相关。离散动作空间由有限数量的动作组成，一般包含特定任务中所有可用的控制指令。离散动作空间通常采用图 2-1(b)所示的 One-Hot（独热）向量编码，每个编码位置对应一个动作，并且是完全互斥的关系；有时为了压缩动作空间维度，还可以为各编码位置赋予不同层级的逻辑意义［如图 2-1(c)所示］，图 2-1(a)中的二进制编码可以被看作其中的一种特殊形式。在某些情况下，离散动作集合具有显著的空间排布特征［如图 2-1(d)所示］，此时也可以采用二维或更高维的空间编码形式[3-5]。

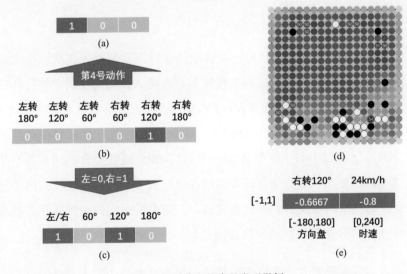

图 2-1　动作空间常见类型举例

图 (a)～图 (c)分别用二进制、One-Hot 和层级逻辑向量编码表示了汽车方向盘右转 120°的动作指令；图 (d)展示了适用于围棋的二维空间动作编码；图 (e)展示

了连续动作空间编码方式，两个维度分别代表方向盘转角（左正右负）和时速控制，根据标准区间[−1,1]内各自的取值，它们分别对应于右转 120° 和时速 24km/h。（图(d)引自参考文献[6]）

连续动作空间在大多数时候都采用多维向量式动作编码，所不同的是，每个编码位置都代表一个独立控制参数，例如位置、速度、力矩、电流等。每个控制参数一般都会根据实际情况预先定义合理的取值范围，考虑到这些范围在绝对值上往往存在巨大差异，因此通常利用线性变换将它们统一缩放至标准区间[−1,1]内，而策略网络的输出动作则可以通过逆向变换转化为一组真实的控制参数。上述做法有利于提高 DRL 算法在训练过程中的数值稳定性。

在实际任务中可能同时存在离散和连续两种控制方式的动作指令。例如，汽车方向盘和油门（车速）均采用连续控制方式，而转向灯和雨刷均为离散档位控制。在这种情况下可以使用混合型动作空间，但要求对标准 DRL 算法进行相应的定制化，笔者建议尽量避免这样做。如果确系任务需要，推荐先将混合型动作空间转化为纯离散空间或纯连续空间。一方面，连续动作可以按照适当粒度进行离散化，本章 2.2.1 节和 2.3.1 节将就此展开进一步讨论；另一方面，离散动作也能够以类似于连续动作的方式进行表征[7]，图 2-2 展示了两者之间相互转化的例子。

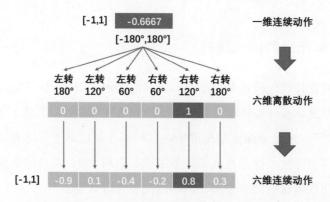

图 2-2　连续动作空间与离散动作空间的相互转化

图 2-2 中从上往下，汽车方向盘转动角度首先从一维连续动作离散化为 One-Hot 编码的六维离散动作（暂不考虑粒度合理性），然后再转化为六个在标准

区间[-1,1]内取值的连续动作。对于后者，取最高值所在维度作为离散动作的索引，笔者在实际项目中验证了这种方式的有效性。

2.1.3　动作空间设计的基本原则

前面 2.1.2 节中介绍的动作空间类型和编码方式，基本可以覆盖大部分应用的需求。当然，考虑到现实任务的复杂性和多样性，在实践中可能还需要相应地做些定制化工作。为了避免在不具备通用性的细枝末节上浪费太多笔墨，本章接下来的内容将提供一些更高层面的一般化分析和建议，从而帮助读者建立正确的动作空间设计理念。总体来说，动作空间设计应该遵循三项基本原则，即完备性、高效性和合法性（如图 2-3 所示），本章在接下来的几节中将分别对它们予以介绍。

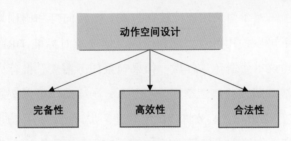

图 2-3　动作空间设计的三项基本原则

2.2　动作空间的完备性

动作空间设计首先应该服务于任务目标的实现，对 DRL 算法而言，要求动作空间能够帮助 Agent 在环境中充分地探索到各种可能性，不至于存在无法触及的"状态盲区"，尤其要保证最优解所在区域的良好可达性。笔者将这一要求称为动作空间的完备性，这是在现实任务中成功应用 DRL 算法的前提条件。动作空间的完备性具体包括两个方面，即功能完备和时效完备。

2.2.1 功能完备

在设计动作空间时,首先应该确保 Agent 具有完成目标任务所需的全部能力,换言之,就是要做到功能完备。对于类似于视频游戏、棋牌博弈、量化交易、竞价排名、自动控制等具有明确操作指令集或控制手段的任务来说,动作空间通常应包含所有可用的指令和控制变量,并充分发挥它们的功能。以自动驾驶汽车为例,其动作空间至少需要包含方向盘、刹车、油门、换挡杆、转向灯、雨刷等控制机构的操作指令,同时应该"满量程"地利用它们,只有这样才能应对各种复杂的地形、路况和天气。

实践中,在将某个连续控制变量转化为有限数量的离散动作时,必须保证其仍具备足够的控制精度,避免过于粗糙的离散化操作影响实际控制效果。假设自动驾驶汽车方向盘的满量程转动区间是 $[-450°, 450°]$,每次只在 $-450°$、$-270°$、$-90°$、$0°$、$90°$、$270°$ 和 $450°$ 共 7 个离散数值中做选择,那么这辆汽车在面对稍复杂的路况时将很难正常行驶;反之,若以 $15°$ 为单位将上述区间均匀离散化为 61 个角度值,则可以保证足够精细的方向控制,图 2-4 定性展示了不同粒度离散化方案下的汽车行驶轨迹。本章 2.3 节在讨论动作空间的高效性及其与功能完备性的关系时会再次使用这个例子。

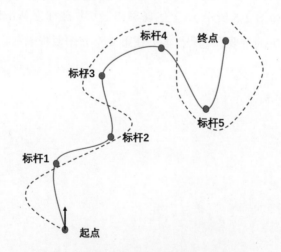

图 2-4　不同粒度的转向角离散化方案效果示意图

汽车从起点出发，初始朝向如黑色箭头所示，目标是按顺序经过所有标杆并抵达终点。过于粗糙的方向盘转向角离散化方案（虚线）会导致汽车缺乏正常驾驶所需的基本灵活性，从而无法完成预定的绕杆任务；而适当粒度的转向角离散化方案（实线）则可以保证足够的驾驶灵活性。

对于某些开放性任务，由于缺乏明确指导框架，要确保功能完备需要结合领域知识。以任务驱动型聊天机器人[8]为例，Agent 需要从一些常用问句中适时选择，引导客户完成多轮对话并收集任务所需的完整信息。比如酒店预订服务，常用问句包括：①哪个城市？②大概位置？③什么档次？④什么房型？⑤入住日期？⑥住几天？在通常情况下，由这些问句构成的动作空间可以完成绝大部分酒店预订任务。然而随着用户需求渐趋多样化，一些特殊需求也要考虑进来，如酒店是否提供免费早餐、前台是否提供行李寄存服务、带不带停车场和健身房，等等，因此必须不断完善动作空间才能维持客户满意度。

关于动作空间的功能完备性，有一点需要引起设计者的警惕，即应当避免赋予 Agent 篡改回报函数的能力。在强化学习任务中，回报函数的计算通常都基于对环境信息的感知和加工，如果动作空间"神通广大"到足以影响感知和加工的过程，那么 Agent 就可能利用该能力学会某种投机策略，通过操纵回报函数来持续获得高回报（如图 2-5 所示）。上述现象在学术界被称为 Wireheading[1]，是强化学习领域需要解决的重要课题[9]，本书在第 4 章介绍回报函数设计时还会再次深入讨论该问题。

---

1 Wireheading 的本意是用电流直接刺激大脑的愉悦中枢以持续获得快感的"上瘾"行为。

图 2-5　Wireheading 问题示例

图(a)中 Agent 通过蒙住双眼避免因"看见"危险发生而受到惩罚；图(b)中 Agent 通过遥控终点线向自己移动，从而因"靠近"终点而获得奖励。以上行为显然都背离了任务目标和回报函数设计的初衷。

2.2.2　时效完备

广义上的动作空间设计不仅仅是堆砌可用指令，还包括为这些指令选择合理的决策周期，因为同样的动作在不同时间分辨率下的执行效果可能存在天壤之别。仍以自动驾驶汽车为例，即使一辆汽车已经具备加减速、前进、后退、转弯和刹车等基本功能，但如果这些指令的响应速度过慢或者更新周期过长，都会严重损害汽车在高速行驶过程中应对突发状况的能力。在这种情况下，除通过升级硬件和优化控制方案，从而保证足够快的指令响应速度外，还应该在算力允许的范围内适当缩短决策周期，使策略在更精细的时间尺度下控制汽车。

类似的现象也存在于高频量化交易领域。这种交易方式对网络传输速度、策略计算速度和决策频率有着极高的要求，快人一步就有机会获得超额收益，反之则面临被竞争对手"割韭菜"的风险。现代高频交易竞争已经趋于白热化，为了争取哪怕百分之一毫秒级的速度优势，高频交易公司甚至不惜斥巨资修建各种大型基础通信设施。如图 2-6 所示，如果要使用 DRL 算法训练一个高频交易策略，其动作空间的决策频率显然也必须"唯快不破"。

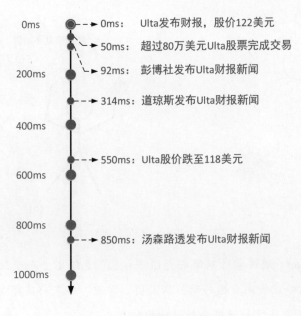

0ms：　Ulta发布财报，股价122美元
50ms：　超过80万美元Ulta股票完成交易
92ms：　彭博社发布Ulta财报新闻
314ms：　道琼斯发布Ulta财报新闻
550ms：　Ulta股价跌至118美元
850ms：　汤森路透发布Ulta财报新闻

图 2-6　与时间赛跑的高频交易

　　以上两个例子说明，动作空间的决策周期应该满足完成特定任务所需的最低时间分辨率，以保证动作空间的时效完备性。现实中，该最低时间分辨率与理论最高分辨率[1]之间往往存在一个**时效完备区间**，在这个区间内可以根据需要灵活选择决策周期。一般而言，较短的决策周期能够提升 Agent 的灵活性和机动性，从而有助于其处理对反应速度要求较高的场景。事实上，DRL 算法的确能够利用超人类反射（Super-Human-Reflex）效应，在诸如视频游戏等任务中获得远超人类的表现[10]，AlphaStar 在与人类玩家对战时需要降频以确保公平[3]。

2.3　动作空间的高效性

　　动作空间设计的目的不仅在于保证 Agent 拥有完整探索任务解空间的能力，同时也在于帮助改善 Agent 在环境中的探索效率，从而加速 DRL 算法收敛并提升算法性能。事实上，如何最大限度地提高探索效率是 DRL 算法研究和落地工

1　具体取决于软件或硬件性能的物理极限，如仿真环境刷新频率、边缘计算芯片主频、策略
　网络完成一次前向推理的最短耗时，以及控制指令的响应时间等。

作中不变的主题，动作空间、状态空间和回报函数的设计都是围绕这一主题的不同切入点。通过动作空间设计降低探索难度和提高探索效率的要求，笔者称之为动作空间的高效性。提升动作空间高效性的具体技巧主要包括两种：化整为零和有机组合。

2.3.1　化整为零：以精度换效率

对 DRL 算法而言，任务的解空间可以表示为 $S \times \mathcal{A}$，其复杂度由状态空间 S 和动作空间 $\mathcal{A}$ 共同决定。即使不考虑状态空间，连续动作空间本身就会形成无穷大的解空间，维度诅咒带来了探索难度的陡升，这也是造成 DRL 算法在连续控制任务上训练稳定性和性能不佳的根本原因。为了改善这一问题，可以尝试将连续动作空间离散化，通过牺牲一部分控制精度换取解空间维度的大幅压缩以及探索效率的显著提升。本章 2.2.1 节提到的，将自动驾驶汽车方向盘的转动角度从连续区间 $[-450°, 450°]$ 转化为一组离散角度值，就是典型的以精度换效率。

当然，上述化整为零的操作必须以保持动作空间的功能完备性为前提。从表面上看，功能完备和化整为零操作是相互矛盾的，因为动作空间离散化不可避免地会带来控制精度的下降。然而，对于自动驾驶任务而言，只要方向盘转动角度的离散化粒度适中，就完全可以保证足够的控制精度和灵活性（如图 2-4 所示）。与 2.2.2 节提到的时效完备区间类似，动作空间离散化的粒度也同样存在一个**功能完备区间**，其粒度上限是原有连续动作区间或者不做任何额外离散化的情形，其粒度下限则对应维持功能完备性所需的最低控制精度。

对于化整为零操作，在动作空间完备性和高效性的两极之间往往存在一个"黄金区域"，使得探索效率改善带来的收益超过控制精度下降带来的损失，在这个区域内 DRL 算法的训练效率和最终性能往往能够同时获得显著提升，如图 2-7 所示。

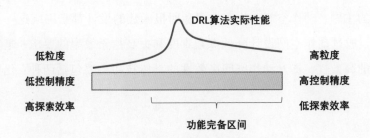

图 2-7　动作空间离散化操作的功能完备区间

随着离散化粒度的不断提高，控制精度和探索效率分别呈上升与下降趋势，功能完备区间处于进度条的靠右位置，而 DRL 算法的实际性能在功能完备区间内某一点达到顶峰。

事实上，在广义动作空间的时间维度上也存在一种特殊的离散化操作——Frame Skipping（跳帧）[11]，在 DRL 实践中被广泛采用。该技巧的出发点是，过短的决策周期会显著增加 Episode[1]的长度，迫使 Agent 不得不向前考虑更多的步骤，这不利于在长时间跨度下建立决策相关性，算法训练难度也随之提高。如图 2-8 所示，Frame Skipping 通过**在时效完备区间内刻意降低决策频率**，并在相邻两次决策之间简单重复上一次的动作，从而大幅缩短 Episode 的长度。得益于训练难度和探索效率的此消彼长，DRL 算法的性能往往因此获得显著提升。注意这种提升与超人类反射效应具有完全不同的作用原理，本书将在第 6 章就相关话题进一步展开讨论。

时间轴												Episode 长度
正常决策频率 a_0	a_1	a_2	a_3	a_4	a_5	a_6	a_7	a_8	a_9	a_{10}	a_{11}	12
Frame Skipping a_0	a_0	a_0	a_0	a_1	a_1	a_1	a_1	a_2	a_2	a_2	a_2	3

图 2-8　Frame Skipping 原理示意图

---

1 MDP 中，从某状态 s 或状态–动作组合 (s,a) 出发，直至预设终止条件触发前的完整决策过程被称为 Episode，有时也称为 Trajectory（决策轨迹）。

2.3.2 有机组合：尺度很重要

除了化整为零，设计高效动作空间的另一种方式是对基本控制手段的有机组合。人类的一切行动都可以分解为 206 块骨骼和 639 块肌肉的精细变化，但生活中的绝大多数技能训练都不可能在如此微观的视角上进行，DRL 算法的动作空间设计也是如此。很多任务中都存在一些经过实践反复验证有效的复合动作，比如《实况足球》中的马赛回旋、牛尾巴、油炸丸子等高级技巧，《超级马里奥》中的走、跑、右小跳、右大跳以及躲避敌人等，以上这些复合动作在学术界又被称为宏动作（Macro Actions）[12]。

虽然宏动作都是由一系列基础动作[1]组成的，但在缺乏针对性回报函数设计的情况下完全依靠随机探索"撞"到并学会这些高级技能的难度却极高，即使学会也未必能持续稳定地复现和灵活运用这些技能。假如能在设计动作空间时直接将这些高级技能作为常备选项，并由 DRL 算法学习如何在基础动作以外恰当地运用它们，那么，Agent 在环境中的探索效率将得到明显改善，相应地，DRL 算法的收敛速度和最终性能也能够得到显著提升。

正如站在巨人的肩膀上可以看得更远，在合理尺度下设计动作空间同样可以收到奇效。**理想的动作空间应该由那些基础的、不可再分的"元动作"，以及那些十分有用但不容易掌握或没必要掌握的宏动作共同组成。**这里所说的宏动作未必是"元动作"的机械组合，其可以是一个函数、一套规则甚至一种算法（见 1.5 节）。如图 2-9 所示，在双足仿真机器人控制任务[13]中，不同的动作空间设计方案（见表 2-1）使得 DRL 算法在收敛速度和最终性能上存在显著差异。

---

1 在游戏中对应不同的按键组合，包括按键种类和时间长短。例如《星际争霸》中首先选中对象，然后按 M 键准备移动，再按住 Shift 键并用鼠标点击地图上一点，从而实现对象向目标位置的移动[3]。

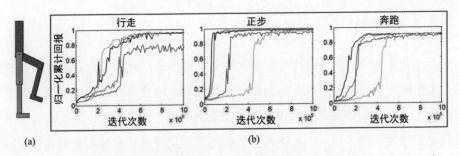

图 2-9　不同动作空间设计方案在各种任务上的性能对比

图(a)为双足仿真机器人；图(b)展示了该机器人在行走、正步和奔跑三个任务中的训练曲线，各种颜色分别代表不同控制方案和相应的动作空间设计：目标关节角比例微分控制（黑色）、目标关节转速微分控制（红色）、力矩控制（蓝色）、肌腱单元控制（绿色）。（引自参考文献[13]）

表 2-1　双足仿真机器人控制方案和对应的动作空间设计

控制方案	动作空间
目标关节角比例微分控制	每个关节的目标角度
目标关节转速微分控制	每个关节的目标转速
力矩控制	每个关节的目标力矩
肌腱单元控制	每个肌腱单元的激活程度

除去手工设计，宏动作也可以由算法自动学习，强化学习领域的热门分支之一——层级强化学习（Hierarchical Reinforcement Learning，HRL）就是专门研究这一问题的学术方向。在 HRL 算法中通常包含高层级和低层级两种学习器（Learner），前者负责发现和切换宏动作（在 HRL 语境下又称为 Option），后者负责具体执行[14-16]，感兴趣的读者可以对这个领域进一步深入探索。

从本质上看，有机组合与化整为零一样，都是通过压缩解空间维度起作用的[14,17,18]。化整为零可以被看作是一种机械的有机组合，有机组合相当于精细的化整为零。例如，Frame Skipping 技巧下的重复动作就属于一种特殊宏动作。即使策略不需要根据中间状态做出决策，但中间状态的变化却可能影响策略输出，因此连续若干步都维持相同的输出动作本身就是一种较难学习的能力。对于时间跨度较大并且在时序上又存在大量冗余的任务，Frame Skipping 能够有效提升

Agent 在环境中的探索效率，无论在学术研究还是落地应用中均被广泛采用。

有趣的是，Frame Skipping 也可以采用自适应跳帧步长，即在不同状态下采取不同步数的动作重复策略，实现"只在需要时做决策"的效果，这在很多任务中被证明有效[7,19]。其具体实现方式是在原动作空间的基础上增加一个额外的离散集合 $W = \{\omega_1, \omega_2, \cdots, \omega_{|W|}\}$，用于表示所有可选择的动作重复步数，并与常规动作共同组成实际的策略输出 $(\pi_{\theta_a}(\cdot|s), \pi_{\theta_x}(\cdot|s))$，其中 θ_a 和 θ_x 分别代表负责输出常规动作和动作重复步数的两个网络的参数。上述支持参数化 Frame Skipping 的紧凑动作空间定义方式广泛适用于连续或离散动作空间以及各种 DRL 算法框架。

2.4 动作空间的合法性

在将 DRL 算法应用于实际任务时，有一点值得特别注意，即并不是所有动作在任何状态下都有效或合法。事实上所有任务都是由一系列规则描述的，而 DRL 算法需要在遵守这些规则的前提下寻找最优策略，这是一个带约束条件的最优化问题。规则可以来自任务定义本身，最典型的如棋牌类游戏的玩法：围棋只能在空白位置落子，中国象棋里的"马走日、相走田、拌马腿、塞相眼"，大多数扑克游戏中已经打出去的牌就不能再打，等等；规则也可以来自法律、伦理和常识，如自动驾驶汽车遇到行人时绝对不能撞上去，聊天机器人也不应该对顾客恶言相向等。以上这些规则都较为明确，算法工程师可以轻易获取相关信息甚至无师自通。

现实中还有一些规则来自物理限制。例如，工业机器人的每个关节都有各自的活动范围，并且存在若干特殊的关节角组合，即所谓的位姿"奇异点"（如图 2-10 所示），使得逆向运动学运算在数学上无解或有无数解，此时末端笛卡儿坐标系下的微小运动也会造成电机电流瞬间过载，因此在示教轨迹时需要严格规避。当然，规则也可以由相关人员凭知识经验甚至主观喜好随时制定或修改。以上这类规则往往不够直观，如果算法工程师缺乏专业的领域知识，请务必与甲方充分沟通。总之，在任何状态下选择的动作都不应违背预设规则，笔者将其称为动作空间的合法性。

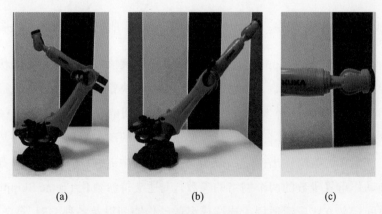

图 2-10　六轴工业机器人的位姿奇异点示意图

六轴工业机器人共存在三类奇异点，即图(a)过顶奇异点、图(b)延伸奇异点、图(c)中心手奇异点。在工业机器人应用中都会刻意绕开这三类奇异点，或者在奇异点附近主动降低编程速度以避免电流瞬时过载。

2.4.1　非法动作屏蔽机制

理论上，任务规则作为环境模型的一部分，在理想条件下是可以被 DRL 算法自动掌握的。然而，**更合理的做法是将特定状态下规则不允许出现或者引发严重后果的动作直接屏蔽掉**。须知 DRL 算法与其他基于深度学习的 AI 算法一样，都属于统计学范畴，因此在理解策略的输出时也应该使用概率思维，即使 Agent 学会在 99.99%的情况下输出合法动作，但仍存在 0.01%的可能性输出非法动作，与其寄希望于 DRL 算法自主学会严格遵守规则，远不如加一层"硬保险"来得靠谱。

非法动作屏蔽机制同样属于动作空间设计不可或缺的一部分。一套可靠的非法动作屏蔽机制不仅对算法训练十分重要，而且对策略在工作环境中的部署和正常运行也意义重大。对于离散动作空间，常规做法是忽略特定状态下的所有非法动作，并将剩余合法动作的 Q 值或策略响应重新归一化[3-5]，然后再按照正常方式进行采样（训练阶段），或者直接输出最优动作（部署阶段）；对于连续动作空间，则应根据各维度的合法取值区间，对策略输出做截断处理。

在较为复杂的任务中，要设计出完善的非法动作屏蔽机制并不容易，因为有很多异常情形事先难以预料，尤其在缺乏相关领域知识的情况下更是如此。此外，还可能存在一些发生概率极小的罕见非法动作。因此，一套非法动作屏蔽机制往往需要经过反复地验证和迭代才能满足可靠性要求。在这个过程中，环境可视化和随机压力测试可以提供很大的帮助，本书第 6 章中还会就此进一步展开讨论。

2.4.2 Agent 的知情权

虽然通过强制屏蔽的手段可以确保 DRL 算法不输出非法动作，但相关规则本身是环境动态不可或缺也无法忽略的一部分，对状态转移概率分布$p(s'|s,a)$有直接影响，因此仍应该设法让 DRL 算法学会主动识别和遵守规则，使其在绝大多数情况下即使不依赖外界屏蔽也能输出合法动作，并以此为基础进一步在规则限定范围内寻找最优策略。在非法动作屏蔽机制下，未被算法识别的规则犹如一堵看不见的墙，虽然 Agent 无法穿墙而过，但却难以主动学会绕道而行。因为 Agent 根本意识不到墙的存在，在它看来，继续前进可能比绕路更加合理。

由此可见，对于 DRL 算法而言，"不能选非法动作"是客观要求，"知道不能选并且不会选"才是真正目的。要实现这一点，最有效的方式是借助状态空间和回报函数的配合，尤其是状态空间的针对性设计。简单地说，就是保证 Agent 的知情权，将特殊规则以适当方式加入状态信息中，使 Agent 通过大量探索建立各种状态下选择合法动作和非法动作，与对应系统动态变化之间的相关性，从而学会在输入状态中识别规则并在该规则的限制下采取最优策略。图 2-11 展示了一种用二进制编码表示当前可用合法动作的状态信息设计案例。

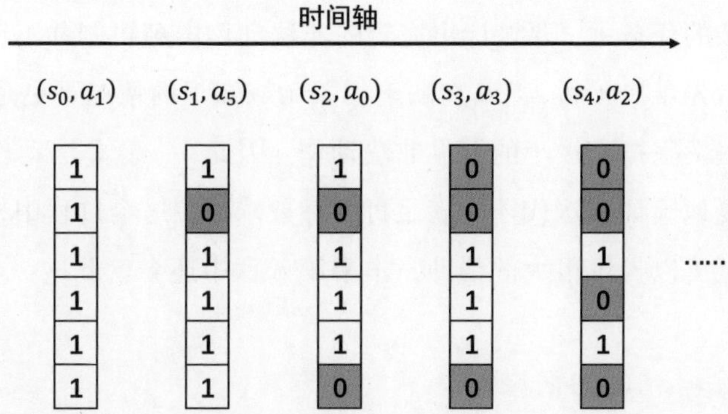

时间轴

(s_0, a_1) (s_1, a_5) (s_2, a_0) (s_3, a_3) (s_4, a_2)

1	1	1	0	0
1	0	0	0	0
1	1	1	1	1
1	1	1	1	0
1	1	1	1	1
1	1	0	0	0

······

图 2-11　特殊规则在状态空间中的显式表示

假设任务要求每个状态下只能从 $a_0 \sim a_5$ 六个动作中选择，并且已经选过的动作不允许再次选择，那么就应该以类似于本图中的编码方式，在状态信息中包含当前可选动作或者已经选过的动作，并配合非法动作屏蔽机制帮助 Agent 学会在规则约束下采取最优策略。

此外，还可以根据实际情况在回报函数中增加针对非法动作的惩罚项，从而帮助 Agent 更直观地捕捉到非法动作与优化目标之间的负向相关性。在实践中，这项措施通常不是必需的，因为非法动作屏蔽机制配合状态空间对规则信息的显式表达已经足以保证 Agent 学会主动适应规则。然而，对于那些可能引发严重后果的非法动作，如自动驾驶汽车碰撞行人或障碍物，设置有针对性的惩罚能够驱使 Agent 学会提前采取规避行动，从而在屏蔽机制发挥作用之前就消除隐患，这一点显然对于某些任务十分重要，毕竟非法动作屏蔽机制有时也未必是 100%可靠的。

将当前可用的合法动作编码进状态信息中的做法，并非使 DRL 算法主动遵守特殊规则的唯一可行方案。还有一种方案是利用 LSTM 和 GRU 等拥有"记忆"功能的 RNN 结构，将同一段 Episode 内的历史决策和对应回报依次输入进来，由神经网络自动发现非法动作和即时负反馈，以及它们与相应状态的联系，从而避免在接下来的决策中输出非法动作。这种方案借鉴了元强化学习（Meta Reinforcement Learning）的思路[20,21]，后者致力于学习一类相似任务的通用知识，

并在同分布内的陌生任务中通过少量环境交互即可快速适应，推荐感兴趣的读者
继续深入了解。

2.5 本章小结

关于 DRL 算法应用中的动作空间设计，本章总结了三点基本要求，即完备
性、高效性以及合法性。其中 2.1 节指出了动作空间设计在 DRL 算法应用中的重
要意义，并介绍了动作空间的两种常见类型及其编码方式，随后概括了动作空间
设计的三项基本原则，即完备性、高效性和合法性；2.2 节介绍了广义动作空间
设计的功能完备性和时效完备性；2.3 节阐述了高效动作空间的重要作用，以及
两种用来提升动作空间高效性的常规手段——化整为零和有机组合；2.4 节介绍
了动作空间设计的最后一块拼图，即非法动作屏蔽机制，并首次引入了状态空间
和回报函数的协同设计理念。

动作空间的具体形式由任务本身的特点和所选择的 DRL 算法共同决定，每
个任务中的 Agent 都有各自的控制方法和指令集，而每种 DRL 算法也可能支持
不同的动作空间类型（见第 5 章）。笔者建议在面对实际项目时要充分考虑三点
基本要求，并以此为出发点充分优化动作空间设计，在兼顾安全性的前提下确保
任务被高效地解决。在实践中，拿到一个新任务后往往需要先完成动作空间的大
致设计，随后再通过实验验证其有效性，并根据结果反馈视情况做进一步优化。
在 DRL 算法落地的整个周期中，动作空间设计属于相对简单、工作量较少、持
续时间较短的环节，但却是算法成功应用的基石。

在 2.4 节中讨论动作空间的合法性时，提到通过有针对性地设计状态空间和
回报函数，可以有效帮助 DRL 算法学会主动识别和适应特殊规则。状态空间和
回报函数是强化学习问题定义中的核心要素，针对它们的设计工作是 DRL 算法
应用中最为关键的环节，对算法的成功收敛和最终性能起着决定性作用，本书接
下来的两章将分别予以详细介绍。在第 3 章中，将首先讨论状态空间设计的理念
和技巧。

参考文献

[1] BROCKMAN G, CHEUNG V, PETTERSSON L, et al. OpenAI Gym[DB]. ArXiv Preprint ArXiv:1606.01540, 2016.

[2] DUAN Y, CHEN X, HOUTHOOFT R, et al. Benchmarking Deep Reinforcement Learning for Continuous Control[C]//International Conference on Machine Learning. PMLR, 2016: 1329-1338.

[3] VINYALS O, EWALDS T, BARTUNOV S, et al. Starcraft II: A New Challenge for Reinforcement Learning[DB]. ArXiv Preprint ArXiv: 1708.04782, 2017.

[4] SILVER D, HUBERT T, SCHRITTWIESER J, et al. Mastering Chess and Shogi by Self-Play with A General Reinforcement Learning Algorithm[DB]. ArXiv Preprint ArXiv:1712.01815, 2017.

[5] MIRHOSEINI A, GOLDIE A, YAZGAN M, et al. Chip placement with Deep Reinforcement Learning[DB]. ArXiv Preprint ArXiv:2004.10746, 2020.

[6] SILVER D, HUANG A, MADDISON C J, et al. Mastering the Game of Go with Deep Neural Networks and Tree Search[J]. Nature, 2016, 529(7587): 484-489.

[7] SHARMA S, LAKSHMINARAYANAN A S, RAVINDRAN B. Learning to Repeat: Fine Grained Action Repetition for Deep Reinforcement Learning[DB]. ArXiv Preprint ArXiv:1702.06054, 2017.

[8] 笪庆，曾安祥. 强化学习实战：强化学习在阿里的技术演进和业务创新[M]. 北京：电子工业出版社，2018.

[9] EVERITT T, HUTTER M. Avoiding Wireheading with Value Reinforcement Learning[C]//International Conference on Artificial General Intelligence. Springer, Cham, 2016: 12-22.

[10] HAUSKNECHT M, LEHMAN J, MIIKKULAINEN R, et al. A Neuroevolution Approach to General Atari Game Playing[J]. IEEE Transactions on Computational Intelligence and AI in Games, 2014, 6(4): 355-366.

[11] BRAYLAN A, HOLLENBECK M, MEYERSON E, et al. Frame skip Is A Powerful Parameter for Learning to Play Atari[C]//Workshops at the Twenty-Ninth AAAI Conference on Artificial Intelligence. 2015.

[12] ORTEGA J, SHAKER N, TOGELIUS J, et al. Imitating Human Playing Styles in Super Mario Bros[J]. Entertainment Computing, 2013, 4(2): 93-104.

[13] PENG X B, VAN DE PANNE M. Learning Locomotion Skills Using DeepRL: Does the Choice of Action Space Matter?[C]//Proceedings of the ACM SIGGRAPH/Eurographics Symposium on Computer Animation. 2017: 1-13.

[14] KULKARNI T D, NARASIMHAN K R, SAEEDI A, et al. Hierarchical Deep Reinforcement Learning: Integrating Temporal Abstraction and Intrinsic Motivation[DB]. ArXiv Preprint ArXiv:1604.06057, 2016.

[15] VEZHNEVETS A S, OSINDERO S, SCHAUL T, et al. Feudal Networks for Hierarchical Reinforcement Learning[C]//International Conference on Machine Learning. PMLR, 2017: 3540-3549.

[16] KROEMER O, DANIEL C, NEUMANN G, et al. Towards Learning Hierarchical Skills for Multi-Phase Manipulation Tasks[C]//2015 IEEE

International Conference on Robotics and Automation (ICRA). IEEE, 2015: 1503-1510.

[17] PARR R, RUSSELL S. Reinforcement Learning with Hierarchies of Machines[J]. Advances in Neural Information Processing Systems, 1998: 1043-1049.

[18] PRECUP D. Temporal Abstraction in Reinforcement Learning[J]. 2001.

[19] LAKSHMINARAYANAN A S, SHARMA S, RAVINDRAN B. Dynamic Frame Skip Deep Q Network[DB]. ArXiv Preprint ArXiv:1605.05365, 2016.

[20] WANG J X, KURTH-NELSON Z, TIRUMALA D, et al. Learning to Reinforcement Learn[DB]. ArXiv Preprint ArXiv:1611.05763, 2016.

[21] DUAN Y, SCHULMAN J, CHEN X, et al. RL^2: Fast Reinforcement Learning via Slow Reinforcement Learning[DB]. ArXiv Preprint ArXiv: 1611.02779, 2016.

第 3 章
状态空间设计

3.1　状态空间设计：特征工程的诱惑

在 MDP 问题中，状态信息代表了 Agent 所感知到的环境信息及其动态变化，是 DRL 算法生成决策和评估长期收益的依据，而状态空间设计的质量直接决定了 DRL 算法能否收敛、收敛速度以及最终性能，兹事体大，不可不察。根据笔者的实践经验，在动作空间和回报函数保持不变的前提下，增加一个优秀的新状态信息所带来的性能提升效应通常显著高于算法组件改进、超参数调整等其他方面的措施，可以说性价比非常高。正因为如此，针对状态空间的优化工作几乎贯穿于项目始终。

严格来讲，MDP 中的状态（State）包含了完整描述当前环境和 Agent 所需的全部信息，属于理论上的概念。状态与学术界的另一个常用术语——Observation（观测信息）是有区别的，后者处于实操层面，可以由任何形式的具体或抽象信息构成，例如摄像头、雷达等传感器信号，以及第 2 章中图 2-11 所示的二进制编码等。由于客观条件限制和设计者的主观局限性，Observation 通常只包含状态的一部分信息，从而使 MDP 问题退化为 POMDP 问题。同大多数论文一样，本书中所说的状态空间设计实际上是指 Observation 设计，但出于习惯，本章仍将

Observation 称为状态。

3.2 状态空间设计的两种常见误区

关于状态空间设计往往存在两种误区，即过分依赖端到端的特征学习和极致的特征工程。若以其中所要求的人工成分作为衡量标准，这两种误区分别走了两个极端，在实际应用中都不利于 DRL 算法获得满意的性能，必须加以克服。

3.2.1 过分依赖端到端特征学习

一种误区认为在深度学习时代可以彻底告别特征工程（Feature Engineering），把原始信息一股脑儿堆砌起来丢给神经网络，再由后者自动"提炼"出其中的有效成分用于决策和值估计。当然，这在原理上没有毛病，业界很多人也确实是这么做的，但考虑到 DRL 算法在学习效率方面的固有缺陷，这种完全端到端的方案有可能导致算法难以收敛或性能不佳，所需的训练时间也会显著延长，这无疑会损害算法的实用性。

此外，**状态信息里的无用成分在样本量有限时可能诱使 DRL 算法学习到虚假的决策相关性并造成局部过拟合**，从而干扰正常训练进程。更糟糕的是，一些高误差、高漂移、高噪声的状态信息还会直接对算法学习起到反作用。因此，要想在可控时间内训练得到高性能策略，往往需要人工筛选出一些高效状态信息，既可以直接使用高质量的原始输入信息，也可以对其进行适当的二次加工，以帮助神经网络更高效地建立起输入状态与长期累计回报之间的相关性。

3.2.2 极致特征工程

另一种误区认为在仿真环境中通过无节制的精细特征工程训练得到的高性能策略，可以在部署环境中维持同样的表现。如本书 1.4.2 节所述，对于做不到 Game as Simulation 的任务而言，仿真环境和部署环境之间不可避免地存在

Reality Gap，而状态空间设计本身可能对 Reality Gap 产生放大效应。这是因为现实环境与模拟器中的状态分布总是存在一些差异，**状态空间设计越复杂，这种差异发生的概率也越大，由仿真环境训练得到的策略被部署到现实环境中时就越可能出现"水土不服"。**

为了缓解上述问题，DRL 算法的状态空间设计应当力求**简洁、高效。**然而，要在实践中做到这一点并不容易，设计者一方面需要深入理解和掌握有关领域知识，并事先对状态空间中可能用到的各路信号源的实际精度和稳定性有充分了解，尽可能不用或少用高噪声、高漂移、高延迟、高误差的"四高"信息；另一方面则需要持续不断地试错和改进，尤其是在真实的部署环境中获取有价值的反馈。正如上文所述，状态空间设计不可能也不应该是"一锤子买卖"。

3.3　与动作空间和回报函数的协同设计

在 DRL 算法应用中，状态空间设计与另外两个 MDP 要素——动作空间和回报函数的设计并不是相互割裂的，在实践中三者之间往往需要一定程度的协同设计。状态空间设计在逻辑上从属于动作空间和回报函数的设计，在宏观时间轴上可以认为先有动作空间和回报函数，后有针对性设计的状态空间[1]。具体地，状态空间应该与动作空间在尺度上保持一致，并且以回报函数为核心，服务于对长期累计回报的预测和决策相关性的建立。

3.3.1　与动作空间尺度一致

在强化学习的问题设定中，Agent 在环境中采取的动作会反过来影响环境状态，**而状态信息应该能够准确反映这种状态变化，**这就要求其在空间和时间尺度上与该动作引起的变化保持一致。比如在二维离散网格世界中，如果动作空间设计为在上、下、左、右四个方向上每次移动 1 厘米，而状态空间却以米为感知单

---

1 在微观层面并不绝对，也有可能反过来。

位，由此造成的执行-反馈分辨率的错位将导致 DRL 算法难以收敛，或者极大地提高算法训练难度。

再比如股票或期货交易，假如将决策周期设定为月，那么状态信息也应该包含以月为单位或近似时间尺度的市场统计信息。例如过去 1 个月、2 个月、3 个月的收益，20 日、30 日、60 日均线，MACD（Moving Average Convergence/Divergence，异同移动平均线），RSI（Relative Strength Index，相对强弱指标）等。相对而言，那些以日为单位的短期数据反而属于充满噪声的信息，对算法学习不仅没有帮助，很多时候还会起反作用。

3.3.2　以回报函数为中心

每一个强化学习任务都有其各自的学习目标，而该目标又完全是通过回报函数来传递的。回报函数在学术上通常被表示为$r(s,a)$或$r(s,a,s')$，即每一步的即时回报都取决于当前状态以及该状态下所采取的动作，可见状态与回报函数之间具有天然的紧密联系。此外，强化学习的目标是最大化所有状态下长期累计回报的期望，而 DRL 算法的学习过程在本质上就是通过大量探索，建立起从输入状态信息到长期累计回报的映射关系，并据此不断优化各状态下的决策，状态空间的设计质量对算法学习有着举足轻重的影响。

因此，为了帮助 DRL 算法更好、更快地实现其优化目标，状态空间设计必须紧密围绕回报函数进行。通过刻意增强状态信息与回报函数之间的相关性，将两者之间的映射关系具体化，从而为值估计和决策生成提供充分的可辨识依据，这正是状态空间设计工作中特征工程的总原则及其特色所在。在实践中，状态空间和回报函数的设计往往彼此交织进行，这符合刻意增强两者间相关性的要求，也有助于状态空间保持简洁、高效，从而尽可能排除无关信息以减少过拟合，并降低 Reality Gap 的负面影响。

3.4　状态空间设计的四个步骤

在实际应用中，除秉持状态空间与动作空间和回报函数的协同设计理念，并避免陷入 3.2 节中介绍的两种常见误区外，笔者将实操层面的状态空间设计心得总结为四个步骤：任务分析、相关信息筛选、泛化性考量和效果验证。如图 3-1 所示，在实践中通过不断重复以上四步，持续地迭代、更新状态空间设计，直到 DRL 算法的整体性能满足项目需求。

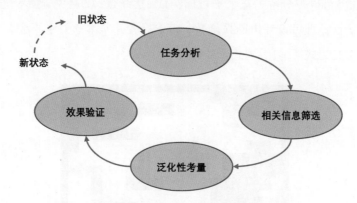

图 3-1　状态空间设计的四个步骤和循环迭代模式

3.4.1　任务分析

在 3.3.2 节中我们已经明确了状态空间设计应该紧密围绕回报函数进行，而这两者都建立在对任务逻辑的深刻理解之上。客户提出优化目标，算法工程师需要把这个目标进一步分解，即研究该目标的本质是什么，要实现它涉及哪些重要环节，每个环节有哪些影响因素，每个因素又与哪些信息有关或者由哪些信息体现。出色的任务分析有助于设计优质的回报函数，并反哺状态空间设计。

任务分析既是状态空间设计的第一步，也是状态空间与回报函数协同设计的起点。在实践中对一个复杂任务的理解，除非天赋异禀或者相关经验丰富；否则，通常都要经过一段时间的摸爬滚打后才能深入到一定程度，在这期间可能不断推翻之前的错误认知，更伴随瞬间顿悟的喜悦，因此需要保持足够的耐心。这也从根本上决定了状态空间的迭代设计模式，对问题的理解每深入一步，状态空间也

会相应得到进一步改善。

为了便于说明，这里借鉴参考文献[1]，引入一个二维平面导航任务。如图 3-2 所示，在一个遍布障碍物的平面区域内，Agent 在随机起始位置待命，现在要求它行驶到指定的终点位置，在此期间须避免与障碍物发生碰撞，成功抵达目标后将为其随机指定新的终点。Agent 在行驶过程中电量逐渐下降直至耗尽而动弹不得，因此需要在电量不足时及时到固定的充电桩位置充电。经过分析，Agent 的任务可以被分解为三个子目标：①到达终点；②避免碰撞[1]；③维持电量。针对这些子目标即可设计出回报函数，由于后者并非本章关注的重点，这里直接将其简单定义为式（3-1）到式（3-4）中的形式。

图 3-2　二维平面导航任务

地图中黑色部分代表障碍物，红色圆点代表 Agent，黄色五角星表示终点，绿色小闪电图标代表充电桩

$$r = r^g + r^c + r^e \tag{3-1}$$

$$r^g = +\alpha \cdot 1[\|\boldsymbol{p} - \boldsymbol{g}\| \leqslant \varepsilon] \tag{3-2}$$

$$r^c = -\beta \cdot 1[d_{\min} = 0] \tag{3-3}$$

---

1 这里仅用作举例，在实际应用中必须依靠非法动作屏蔽机制严格避免碰撞发生。

$$r^e = -\omega \cdot 1[e_{\text{left}} < E] \tag{3-4}$$

其中，r^g、r^c和r^e分别表示抵达终点（goal）奖励、碰撞（collison）惩罚和低电量（electricity）惩罚，α、β和ω均为大于 0 的系数；p和g分别代表 Agent 当前位置和终点位置的二维坐标，小正数ε用于判定是否抵达终点；d_{min}表示 Agent 与周围障碍物之间的最小距离；e_{left}和E则分别代表 Agent 当前的剩余电量和充电预警电量；1[·]表示条件判断，括号内的条件成立则取 1，反之则取 0。上述回报函数设计虽不完美，但足以保证 Agent 学会目标技能，以此为基础我们将进入下一个环节——相关信息筛选，即找出与回报函数各成分直接或间接相关的状态信息。

3.4.2　相关信息筛选

随着 DRL 算法训练的进行，深度神经网络逐渐学会从输入状态信息中提炼出与长期累计回报高度关联的特征，并进一步用于生成决策。在特定的回报函数下，某个状态信息变化得到的反馈越及时，神经网络就越容易学会如何对其进行加工并建立起决策相关性；反之，状态信息变化得到的反馈越滞后，决策相关性越不容易建立，相应的学习难度也越高。**根据这种反馈时间的长短**，可以粗略地将状态信息分为直接相关信息和间接相关信息，这种划分有助于提高状态空间设计的针对性，以及更好地平衡特征工程和对神经网络表征能力的利用。

1．直接相关信息

所谓直接相关信息，就是指与回报函数中某个奖励项或惩罚项即时联动的信息。在本例中，我们希望 Agent 在电量不足时主动行驶到指定位置充电，如图 3-3 所示，回报函数中对应惩罚项r^e被设定为当前剩余电量e_{left}小于充电预警电量E时持续给予$-\omega$的惩罚，这里的剩余电量e_{left}即为对应r^e的直接相关信息。由于无论是持续的低电量惩罚还是电量耗尽后抛锚，都会显著降低长期累计回报，DRL 算法很容易学会根据e_{left}提前规划充电行为。

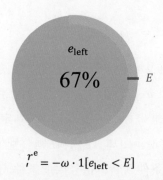

$$r_t^e = -\omega \cdot 1[e_{\text{left}} < E]$$

图 3-3　低电量惩罚r^e和对应的直接相关信息e_{left}

　　根据定义，直接相关信息所对应的回报函数成分默认是稠密的。因此，直接相关信息不仅对 DRL 算法学习十分友好，对算法工程师来说也更容易设计。在实践中，为了实现某种目的，在回报函数中设置一个奖励/惩罚项，并顺手在状态空间中相应增加一个或多个直接相关信息，或者顺序反过来，先增加状态信息，再设置对应的奖励/惩罚项，这是状态空间与回报函数协同设计的常见模式。

2．间接相关信息

　　与直接相关信息相对，间接相关信息指的是回报函数中没有即时联动项的状态信息。间接相关信息的变化需要一段时间后才会得到回报函数的反馈，即具有滞后性。在本例中，对应抵达终点奖励r^g和碰撞惩罚r^c的信息包括 Agent 当前位置p、终点位置g和周围障碍物分布等，在抵达终点或碰撞发生之前它们的所有变化得到的反馈都是 0。这意味着状态空间所呈现的 Agent 接近终点的好处以及靠近障碍物的坏处，与其长期累计回报之间的相关性相对较弱，DRL 算法需要通过更多的样本才能学会主动驶向终点并与障碍物保持安全距离。

　　间接相关信息的筛选和设计相比直接相关信息要更复杂一些，需要结合任务目标和回报函数，分析在中长期跨度下所有可能的影响因素。在本例中，除了较为直观的当前位置p、目标位置g和障碍物分布，充电桩所在位置也十分关键，因为这会影响 Agent 对充电时机的把握和充电路径的选择，从而间接影响 Agent 抵近终点。例如，Agent 要精确停在终点或充电桩位置必须提前开始减速，而对减

速时机的把握需要参考当前速度v，因此v也是一个重要的间接相关信息。在实践中，间接相关信息的设计最考验算法工程师对业务逻辑的理解，需要持续发掘和不断完善，往往不能一蹴而就。

如图 3-4 所示，在回报函数的配合下，某些间接相关信息可以转化为直接相关信息，从而提高 DRL 算法的学习效率。在本例中，碰撞惩罚r^c原来只在碰撞发生时才给予一次性反馈［如图 3-4(a)所示］，若将其修改为当d_{min}小于一定安全距离D后就持续进行惩罚［如图 3-4(b)所示］，d_{min}就从间接相关信息变成了r^c的直接相关信息；此外，若再增加一项接近（near）终点的奖励r^n，只要 Agent 在当前时刻的位置比前一时刻距离终点更近，就给予一定的奖励［如式（3-5）所示］，则p和g也相应转变为r^n的直接相关信息。

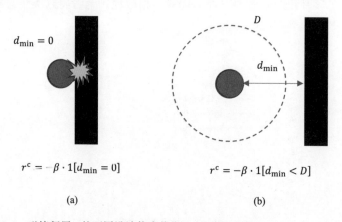

$$r^c = -\beta \cdot 1[d_{min} = 0] \qquad\qquad r^c = -\beta \cdot 1[d_{min} < D]$$

(a)   (b)

图 3-4　碰撞惩罚r^c的不同设计使当前位置p和障碍物位置变为直接相关信息

$$r^n = \mu \cdot 1[\|\boldsymbol{p}_t - \boldsymbol{g}\| < \|\boldsymbol{p}_{t-1} - \boldsymbol{g}\|] \qquad\qquad （3\text{-}5）$$

在式（3-5）中，μ为大于 0 的系数，$\boldsymbol{p}_t$和$\boldsymbol{p}_{t-1}$分别表示 Agent 在当前时刻和前一时刻的位置坐标。由于新的回报项r^c和r^n都是稠密的，且与 Agent 当前位置$\boldsymbol{p}$、终点位置$\boldsymbol{g}$和周围障碍物的分布即时联动，因此这些原来的间接相关信息就变成了直接相关信息，使得 DRL 算法更容易学会安全、高效地抵达终点。在第 4 章中，将介绍一种比上述碰撞惩罚和靠近奖励更加高效的回报函数设计方法——

Reward Shaping（回报塑形），从而使状态信息与回报函数的即时联动效应更加显著。

3. Oracle 信息

在设计状态空间时，有一类信息值得特别关注，对于回报函数而言，它们可能是直接相关信息或者间接相关信息，但其特殊之处在于显式地表达了本应由 DRL 算法自行学习和推理的隐藏信息，从而降低了任务学习的难度，起到了加速算法收敛并提升最终性能的效果。在强化学习语境中，使用此类信息作为输入的策略通常被称作 Oracle[2,3]，中文译作"先知"，意思是开启了"上帝视角"。学术界经常将 Oracle 策略作为某类任务的性能上限（如图 3-5 所示），用于衡量某种非 Oracle 算法在学习和探索效率方面的优势。相应地，笔者将这类信息称为 Oracle 信息。

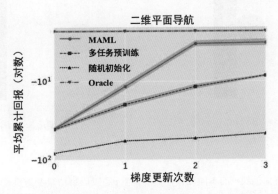

图 3-5　使用 Oracle 信息的算法常作为性能上限，用来衡量特定算法的优势或劣势
（引自参考文献[2]）

对 DRL 算法来，Oracle 信息说往往并非不可或缺。比如二维平面导航任务中的充电桩位置、充电预警电量 E 和 Agent 的启动-刹车加速度 a，只要它们在环境中是固定不变的，算法总能通过大量探索隐式地学会并"记住"这些信息，只是在学习效率上会大打折扣。在 2.4.2 节中图 2-11 所示的当前合法动作的二进制编码相对于 RNN 自动学习方案也属于 Oracle 信息，前者直接告诉策略当前状态下可以采取哪些动作，而后者则需要策略根据历史数据推断出来。

　　一旦在状态空间中提供了 Oracle 信息，DRL 算法就能够通过在原始数据或特征层面与之进行某种比较，从而更加高效地建立起状态与回报函数之间的相关性。图 3-6 展示了 Oracle 信息在两个不同任务中对 DRL 算法收敛速度和最终性能的影响。需要指出的是，工业界应用与学术研究对算法本身具有截然不同的追求，工业界关注的是整体绝对性能而非局部相对优势，因此算法工程师应当有意识地利用 Oracle 信息来改善 DRL 算法的性能，在有条件 "直白相告" 的情况下尽量不要 "打哑谜"。

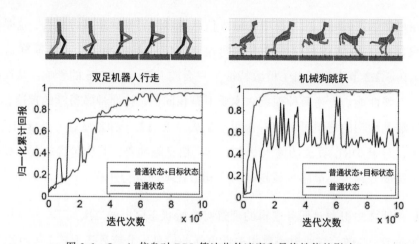

图 3-6　Oracle 信息对 DRL 算法收敛速度和最终性能的影响

　　在双足机器人行走和机械狗跳跃两个任务中，DRL 算法的学习目标是模仿上方给定的运动模式。正常状态信息包括机器人髋关节中心点的高度、各关节相对于髋关节中心点的位置、各关节重心的线速度；根据给定的运动模式换算得到的上述变量在任何时刻的目标取值构成了目标状态信息，在这两个任务中扮演了 Oracle 信息的角色。显然，包含 Oracle 信息的算法收敛更快，最终性能也更高。（引自参考文献[4]）

3.4.3　泛化性考量

　　现实中的任务通常都具有一些可变属性，例如围棋棋盘的颜色和材质，二维平面导航任务中的地图尺寸、障碍物分布、充电预警电量和充电桩位置等。我们

往往希望 DRL 算法能够针对这些属性具有一定的泛化能力，从而实现策略在相似任务间的直接迁移，或者经过适量调整（Finetune）之后即具备实用价值。这就要求状态分布在跨任务场景下尽可能保持一致（见 1.4.1 节）。为了实现该目的，在设计状态空间时可以采用的主要手段包括：状态信息的抽象化预处理和信息组织形式的统一化。

1. 抽象化预处理

在机器学习领域，往往模型的输入信息越多越容易导致其过拟合，这是因为算法可能在无用信息和模型输出之间建立虚假的相关性，这一点同样适用于 DRL。在 3.2.2 节中也指出了极致特征工程会放大 Reality Gap 的影响，从而损害策略的部署性能。上述两种现象在本质上是相同的。按照神经科学的理论，人类和高等哺乳动物的意识可以被看作用于生成决策的若干抽象概念的低维组合[5]。类似地，对于 DRL 算法的输入状态而言，信息越抽象，其所包含的共性成分越多、干扰成分越少，策略也就越容易在相似任务间进行迁移。

基于领域知识和对任务逻辑的理解对原始状态信息做二次加工，并从中提炼出更加简洁、高效，与回报函数相关性更强的信息成分或表达形式，从而使 DRL 策略具有更好的泛化能力。以上操作被称为状态信息的抽象化预处理。例如，AlphaGo 在状态空间设计中对围棋棋盘的抽象化[6]，使得策略网络可以直接迁移到任何属性的围棋棋盘上，二维平面导航任务中的当前位置坐标 p 和终点位置坐标 g 则是相对于图 3-2 所示原始地图的抽象化信息，它们都降低了神经网络对原始像素中无关信息的过拟合风险。

针对二维平面导航任务的状态信息抽象化还可以更进一步，因为以绝对坐标表示的 p 和 g 作为输入信息会诱使神经网络"记住"地图中每个位置的特征，这虽然能够提升 DRL 策略在特定地图上的性能，但同时也会严重损害其泛化能力。相比之下，更合理的做法是将两个绝对坐标 p 和 g 合并为一个相对坐标 $g - p$，即终点在 Agent 坐标系中的位置，从而使策略学习到 Agent 视角下更为通用的导航知识[7]，并尽可能减少对特定地图的过拟合。

同理，DRL 算法可以通过大量探索学会根据当前剩余电量 e_{left} 与充电预警电量 E 的相对关系，适时规划充电的时机和路径。然而，客户可能后续根据实际情况要求降低或提升充电预警电量 E。为了避免因式（3-4）中的回报函数成分发生变化而不得不重新训练 DRL 算法，可以考虑把绝对电量 e_{left} 改为相对电量 e_{left}/E，直接反映剩余电量与充电预警电量的比值关系，这样即使充电预警电量被临时改变也不会影响原有策略的使用。

状态信息的抽象化预处理不仅能够改善策略的泛化能力，同时还可以提升 DRL 算法的学习效率和最终性能，这是因为抽象化预处理降低了神经网络从原始状态信息中提取有效特征，并建立长期决策相关性的难度。由于强化学习缺乏足够高效的监督信号，即使原始状态已经包含任务学习所需的全部信息，神经网络要学会从中提炼出有效特征也并不容易，这也是 DRL 算法训练效率低下的重要原因。在端到端黑盒学习范式如火如荼的今天，尽管依赖人工的信息抽象化预处理显得不够优雅，但在实际项目中，尤其是在算力和时间有限的情况下，这有可能就是算法收敛和不收敛，或者性能达标与不达标的区别。

2．形式统一

当所有状态信息都已经筛选和设计完毕后，接下来该以何种形式组织它们呢？最直观的做法是将它们拼接成一维向量，然后输入全连接神经网络。比如，二维平面导航任务中的状态空间可以表示为 $g - p \oplus d_{min} \oplus e_{left}/E \oplus h_1 - p \oplus h_2 - p \oplus \cdots \oplus h_N - p$，其中 h_n（$n=1,2\cdots,N$）代表第 n 个充电桩的位置坐标，N 为充电桩总数。然而这样做有两个明显的缺点，一是容易将策略限制于特定场景下，假如充电桩数量增加或减少，状态向量维度和网络结构也要随之变化，导致原有策略彻底失效；二是表达能力有限，由于环境中障碍物的大小、形状、数量和位置分布各异，难以通过这种方式准确表示出来。

为了克服以上缺点，状态空间宜采用"留空式"信息组织形式[3,8]。首先应充分考虑所有可能性并设计一套冗余模板，**使其每个位置都有固定的、独一无二的含义**，然后将当前可用的状态信息填到相应位置，空白位置则以常数（比如 0）

填充。如此一来，就可以用统一维度的状态信息应对各种可能的状态变化。冗余模板设计可以采用向量编码形式、空间编码形式或者两者的组合形式。有时为了更加便于捕捉状态信息在时序上的变化特征，还可以将一定时间跨度内的状态信息按先后顺序堆砌到一起[1]，并形成最终的状态空间[9,10]。

如果状态信息的维度较低，则可以采用纯向量编码形式并输入全连接神经网络；对于图像或者具有类似于二维排布特征的信息，则应使用单通道或多通道的空间编码形式，且适合用卷积神经网络处理。以图 3-7(a)所示的简化版二维平面导航任务为例，空间编码既可以采用图 3-7(b)、(c)、(e)、(f)中的多通道 One-Hot（独热）信息分别表示不同种类对象的存在和位置，也可以仿照图 3-7(d)在单通道上将所有对象分别用不同数值（整数或实数）表示出来。根据卷积运算的特点和笔者的实践经验，这两种空间编码形式在效果上差别不大，且后者作为减少通道数量、压缩信息维度的有效手段，可以在运算资源有限的情况下派上用场。图3-8 展示了麻将 AI 中的留空式状态空间设计。

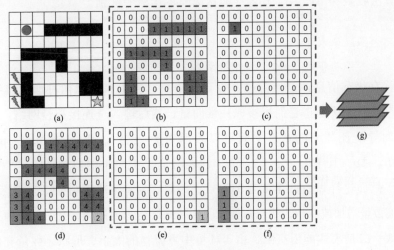

图 3-7　留空式空间编码示例 1

---

1 对于局部感知和时延等因素造成的 POMDP 问题，将历史信息纳入决策依据通常很有帮助。除了基础状态信息的时序堆砌，还有一种利用历史信息的方式是采用 RNN（Recurrent Neural Network，循环神经网络）（见 6.2.2 节）。

图(a)为简化版二维平面导航任务，其中黑色部分代表障碍物，红色圆点代表 Agent，黄色五角星代表终点，绿色小闪电图标代表充电桩；虚线框内的图(b)、图(c)、图(e)、图(f)分别用 4 个通道的二维 One-Hot 编码表示障碍物、Agent、终点和充电桩所在位置，然后按照固定顺序组合成图(g)中的多通道二维状态信息。这种留空式空间编码可以用统一的形式支持任意数量和排布的障碍物与充电桩；图(d)是使用单通道空间编码的等效方案。

图 3-8　留空式空间编码示例 2

日本麻将共包括 34 种牌，每种牌各 4 张，任意时刻的私牌可以用图中的 4 个通道空间编码来表示。其中，某列全为 0 表示还没有拿到对应的牌，而每通过抽、吃、杠、碰获得一张牌就在对应列中从上到下依次填 1，每一列 1 的总数代表当前手上有几张同类牌。(引自参考文献[3])

在 2.3.1 节中，我们曾讨论过将连续动作空间离散化，通过牺牲一些控制精度来换取探索效率和算法性能的提升。鉴于强化学习任务的解空间（$S \times A$）维度由状态空间和动作空间共同决定，因此同样可以通过对状态空间进行适度离散化来达到压缩解空间的目的，并为 DRL 算法训练带来类似的好处。以空间编码为例，常规做法是将原始状态信息离散化（下采样）到网格点上，如图 3-9 所示。当然，这样做的代价是一定程度的感知精度损失，但只要离散化的粒度适中不至于遗漏关键信息，并与动作空间保持尺度一致（见 3.3.1 节），探索效率提升带来的收益完全可以盖过精度损伤的代价，笔者在这方面收获了许多成功经验。

图 3-9   状态空间的离散化操作实例

在《超级马里奥》游戏中，以 Agent 为中心划定 4×7 的离散化网格，并在对应位置以不同数字代表不同对象［类似于图 3-7(d)中的编码方案］。（引自参考文献[11]）

3.4.4   效果验证

状态空间设计好以后，需要通过实验评估其是否满足项目对算法性能和训练效率的要求；在原有状态空间基础上采取的改进措施，也需要通过对比实验确认是否达到预期效果；在仿真环境下训练得到的策略迁移到部署环境时，由于现实中某些信号源的噪声、延迟或测量误差过大，与之相关的状态信息的可靠性将大打折扣，为了定位问题并评估它们对策略性能的实际影响，同样需要进行验证。在 DRL 算法实践中，常用的状态空间验证方式包括：直接验证、缺省验证和模仿学习验证。为了确保得到可靠的结论，无论采用哪种验证方式，都必须严格控制状态空间以外的其他因素保持恒定。

1．直接验证

初次验证状态空间的效果时应将 DRL 算法训练至收敛，最好利用 TensorBoard 等可视化工具实时绘制出训练过程中的相关曲线，用于监视算法学习情况并判断其是否已经收敛，然后根据收敛后最终性能的高低，以及达到该性能所消耗时间的长短来衡量状态空间设计的优劣，并作为基线（Baseline）模型

为后续实验提供参考。在对状态空间进行迭代优化时，每个实验组只应包含单一的改进措施，并控制总的训练量与基线模型相同[1]，以准确评估每种措施对算法性能和训练效率的真实作用。

一般而言，状态空间设计的相对优劣与算法选择是相互正交的（Orthogonal，即互不影响）。因此为了提高评估效率，可以优先考虑绝对收敛耗时较短的 DRL 甚至 CEM（Cross Entropy Method，交叉熵方法）算法[12,13]用于快速验证状态空间，尽管该算法可能并不是当前任务的最优选择。当然，这有赖于在特定任务上运行不同算法收集的关于收敛耗时的先验知识。此外，也可以不等算法收敛，而只比较训练中途某个固定节点的性能。但这样做是有风险的，因为 **DRL 算法收敛更快不代表最终性能更好，该结论适用于包括状态空间在内的几乎所有改进措施**（如图 3-10 所示）。只有对特定算法在特定任务上的训练过程足够熟悉，才能确定是否适合采用这种验证方式，并找到可靠的观测点。

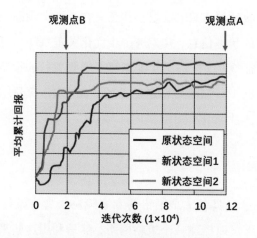

图 3-10　状态空间的直接验证示意图

在保证其他因素严格一致的情况下，通过对比新、旧状态下 DRL 算法的训练曲线验证状态空间的改进措施是否有效。在实践中，既可以比较算法完全收敛后（观测点 A）的性能，也可以比较训练中途某时刻（观测点 B）的性能。注意

---

1 DRL 算法的训练量通常以 Episode 数量或 Agent Step 数量来衡量。

"新状态空间 2"在观测点 B 的性能领先优势未能保持到最后，类似情况在 DRL
算法训练中并不少见。

2．缺省验证

在实践中 DRL 算法的训练周期可能会很长，为了验证复杂状态空间中每个
信息的实际作用，显然不适合采用直接验证的方式。在这种情况下可以利用已经
训练好的策略，通过冻结输入状态中的某个信息，比如将其固定为合理区间内的
某个数值，然后观察其性能相对于基线策略的损失。性能损失越大，说明相应状
态信息在生成决策的过程中作用越关键，反之则说明该信息的作用越边缘化。有
时甚至会出现性能不降反升的现象，表明该信息对决策有干扰作用，常见于噪声
过大或发生异常的信号源。

以上验证状态空间的方式被称为缺省验证。与直接验证方式不同，**缺省验证
只适用于已经成功收敛的 DRL 模型**，其意义在于帮助剔除状态空间中那些不起
作用或者起负作用的状态信息，并为进一步优化关键状态信息和弱作用状态信息
提供指导。通过缺省验证，算法工程师能够了解收敛后的策略主要依据哪些信息
做出决策，从而有助于其加深对特定任务场景和 DRL 算法学习过程的洞见，对
后续系统地优化算法性能具有启迪作用。

3．模仿学习验证

有时目标任务已经具备一个不错的专家策略或者有条件收集足够多的专家
数据，在这种情况下可以搭建一个策略网络，然后利用这些来自专家策略或离线
数据库的专家数据作为监督信号训练策略网络直接模仿专家行为。以上方法被
称为行为克隆模仿学习（Behavior-Cloning Imitation Learning），属于控制领域的
重要分支，其本身可以代替强化学习，也可以作为 DRL 算法策略网络的预训练
方案（见第 7 章）。此外，行为克隆模仿学习还能够作为检验状态空间有效性的
手段。

模仿学习验证方式的基本假设是，如果状态空间中包含了专家决策所需的全部信息，那么经过充分训练后模型应该能够精确模仿专家策略并且达到后者的性能，而模型输出与专家策略的差异，比如训练损失（Loss），或者两者在性能上的接近程度可以作为衡量状态空间设计质量的一种参考标准。行为克隆模仿学习属于有监督学习，其训练效率远高于强化学习，因此是验证状态信息有效性的捷径，尤其适合项目初期"一片懵懂"的时候。

然而，并非所有任务都有条件获得足量的专家数据，模仿学习验证方式也因此不具备普适性。此外，专家策略往往并不完美，作为行为克隆模仿学习的性能上限，其本身可能只是利用了部分有效信息的次优策略，无论在状态信息的利用广度还是质量上都无法满足最优策略的要求。在这种情况下使用模仿学习验证方式反而可能产生负面影响，误导或限制设计优质状态空间的思路，因此应当根据实际情况谨慎使用。

3.5　本章小结

本章系统介绍了 DRL 算法状态空间的设计理念和方法。其中 3.1 节强调了状态空间设计对 DRL 算法应用的关键作用；3.2 节指出了状态空间设计的两种常见误区，即思维惯性导致的唯端到端学习论以及它的对立面——极致特征工程，算法工程师应该对状态空间设计树立正确认知和合理预期，进行适度的特征工程并力求做到简洁、高效；3.3 节介绍了状态空间设计与动作空间和回报函数之间的紧密联系和协同设计理念，并由此引出了状态空间设计的两个重要原则：与动作空间尺度一致和以回报函数为核心。

遵照以上原则并结合笔者的实践经验，3.4 节详细介绍了状态空间设计的四个步骤——任务分析、相关信息筛选、泛化性考量和效果验证。状态空间设计应当建立在对任务逻辑的深刻理解之上，并围绕回报函数筛选高效的相关信息以帮助算法建立决策相关性，尽可能充分利用 Oracle 信息，同时考虑状态信息在相似任务中的泛化能力。此外，应选择适当方式验证状态信息的有效性。

与学术研究的侧重点不同，在 DRL 算法落地工作中，状态空间设计具有十分重要的地位，是算法之外提升任务性能的关键手段。在工程实践中，状态空间和回报函数的设计几乎是水乳交融的，两者经常交替进行，很难做到泾渭分明，往往修改了其中一个，另一个也需要相应地做出改变。在第 4 章中，将集中介绍回报函数的设计理念、原则和相关技巧，当然也难免会涉及一些状态空间设计的内容。

参考文献

[1] TAMAR A, WU Y, THOMAS G, et al. Value Iteration Networks[DB]. ArXiv Preprint ArXiv:1602.02867, 2016.

[2] FINN C, ABBEEL P, LEVINE S. Model-Agnostic Meta-Learning for Fast Adaptation of Deep Networks[C]//International Conference on Machine Learning. PMLR, 2017: 1126-1135.

[3] LI J, KOYAMADA S, YE Q, et al. Suphx: Mastering Mahjong with Deep Reinforcement Learning[DB]. ArXiv Preprint ArXiv:2003.13590, 2020.

[4] PENG X B, VAN DE PANNE M. Learning Locomotion Skills Using DeepRL: Does the Choice of Action Space Matter?[C]//Proceedings of the ACM SIGGRAPH/Eurographics Symposium on Computer Animation. 2017: 1-13.

[5] BENGIO Y. The Consciousness Prior[DB]. ArXiv Preprint ArXiv:1709.08568, 2017.

[6] SILVER D, HUANG A, MADDISON C J, et al. Mastering the Game of Go with Deep Neural Networks and Tree Search[J]. Nature, 2016, 529(7587): 484-489.

[7] SCHAUL T, HORGAN D, GREGOR K, et al. Universal Value Function Approximators[C]//International Conference on Machine Learning. PMLR, 2015: 1312-1320.

[8] MIRHOSEINI A, GOLDIE A, YAZGAN M, et al. Chip Placement with Deep Reinforcement Learning[DB]. ArXiv Preprint ArXiv:2004.10746, 2020.

[9] HAARNOJA T, ZHOU A, HARTIKAINEN K, et al. Soft Actor-Critic Algorithms and Applications[DB]. ArXiv Preprint ArXiv:1812.05905, 2018.

[10] SILVER D, HUBERT T, SCHRITTWIESER J, et al. Mastering Chess and Shogi by Self-Play with A General Reinforcement Learning Algorithm[DB]. ArXiv Preprint ArXiv:1712.01815, 2017.

[11] ORTEGA J, SHAKER N, TOGELIUS J, et al. Imitating Human Playing Styles in Super Mario Bros[J]. Entertainment Computing, 2013, 4(2): 93-104.

[12] DENG L Y. The Cross-Entropy Method: A Unified Approach to Combinatorial Optimization, Monte-Carlo Simulation, and Machine Learning[J]. 2006.

[13] 笪庆，曾安祥. 强化学习实战：强化学习在阿里的技术演进和业务创新[M]. 北京：电子工业出版社，2018.

第 4 章
回报函数设计

4.1 回报函数设计：面向强化学习的编程

在强化学习任务中，Agent 根据探索过程中来自环境的反馈信号持续改进策略，这些反馈信号被称为回报（Reward）。作为任务目标的具体化和数值化，回报信号起到了人与算法沟通的桥梁作用。完整的回报信号生成规则被称作回报函数，而回报函数的设计工作有些类似于计算机领域兼顾执行效率和可读性的汇编语言编程，算法工程师根据其特殊"语法"，将客户期望和任务目标"翻译"成回报函数，并由后者引导强化学习算法的训练。算法在这里的作用相当于编译器，与回报函数设计者的"编程"水平共同决定了策略的最终性能。

同状态空间设计一样，回报函数设计在 DRL 算法落地应用中也是极为重要的环节。回顾第 3 章的内容，DRL 算法学习过程的本质是回报函数引导下的神经网络对输入状态信息的特征深加工，以及这些深层特征与值估计和决策相关性的建立过程。回报函数设计质量的优劣取决于算法工程师对任务目标、过程逻辑和相关领域知识的理解程度，决定了 Agent 能否学到预期策略，并直接影响 DRL 算法的收敛速度和最终性能。那么，回报函数设计都有哪些"语法"值得关注呢？本章接下来的内容将就此展开讨论。

4.2 稀疏回报问题

4.2.1 孤独无援的主线回报

强化学习任务的目标通常可以分为两类：一类是定性目标的达成，比如二维平面导航任务中 Agent 抵达终点、下棋获胜、游戏通关等；另一类是定量目标的极值化，比如最大化投资收益、最小化电能消耗等。笔者将上述定性目标的达成和定量目标的改善统称为任务的**主线事件**。根据主线事件的种类可以相应地定义**主线回报**，例如，在定性目标达成时给予 Agent 一个正向奖励，或者将定量目标本身或经过某种形式的变换后作为回报。由于主线回报相对于任务目标来说往往是无偏的（Unbiased），只包含主线回报的回报函数是最简单，同时也是最理想的形式。

在强化学习语境下，主线事件所对应的样本通常被称为正样本（Positive Samples），其余的则被称为负样本（Negative Samples）。对于许多任务来说，Agent 在环境中进行随机探索就能以一定概率遇到主线事件，正样本在学习初期就在总体上占有较为可观的比例，在足够数量的主线回报引导下，DRL 算法较容易收敛；然而，随着任务复杂度的进一步提升，通过随机方式探索到主线事件的概率变得很小，极少数正样本淹没在负样本的海洋中，而稀缺的反馈信号无法为 Agent 指明探索方向。对于数据效率本就低下的 DRL 算法而言，在这种情况下很难收敛或者收敛速度很慢。

考虑图 4-1 所示的机器人操作应用，任务目标是让机器人学会首先打开盒子，然后抓起木块放到盒子里，再把盒子盖上的连环动作。假如只在机器人成功完成所有动作时才提供奖励信号，那么普通的 DRL 算法和探索策略根本不可能学会目标技能。这是因为机器人在随机探索过程中采集到正样本的概率，跟一个人蒙着眼睛用针尖扎中平面上一点的概率没有多大差别，可以认为是 0。在强化学习中，这种具有较高探索难度的任务因缺乏反馈信号造成学习困难的现象被称作**稀疏回报问题**（Sparse Reward Issue），其一直以来都是学术界的研究热点，而只定义主线回报的任务几乎都存在稀疏回报问题。

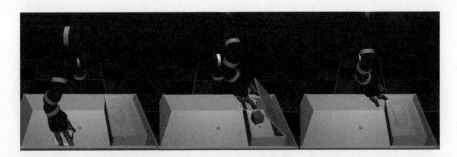

图 4-1 高难度探索（Hard Exploaration）问题示例（引自参考文献[1]）

4.2.2 稀疏回报问题的本质

本节中，笔者将引用强化学习领域著名学者 Pieter Abbeel 在加州大学伯克利分校的教学课程[2]中所举的例子进一步分析稀疏回报问题的本质。如图 4-2 所示，Agent 从最左端的起点出发（状态 1），目标是到达最右端的终点位置（状态 5）。在每个状态下可以选择的动作包括左移一格、右移一格和原地不动。回报函数设计为只有到达终点才会获得+1 的主线奖励，在其余情况下没有任何反馈。由于起点和终点间隔较远，依靠等概率随机探索获取正样本的难度很高，同时中间状态下反馈信号的缺失使 Agent 难以"发现"右移相对于左移和原地不动的优势，也就无从通过主动增加右移动作来触发更多的主线事件。

	起点				终点
状态	1	2	3	4	5
回报	0	0	0	0	+1

图 4-2 稀疏回报问题示例

强化学习是探索和利用的平衡过程，Agent 通过探索获得关于环境和任务的局部知识，同时利用这些知识进行更有针对性的探索。从这个角度分析，过于稀疏的环境反馈信号不利于形成局部知识并为探索方向提供指导，而盲目的探索导致正样本无法出现或数量极少，探索和利用的严重失衡造成强化学习算法收敛困难。此外，回顾第 3 章的内容，与主线回报对应的状态信息通常属于间接相关信息，由于两者之间缺乏高效的呼应和联动，神经网络从原始状态中提取出有用特

征并进一步建立值估计和决策相关性的难度也更高，这就从另一个角度解释了为
什么在稀疏回报下 DRL 算法不容易收敛。

针对稀疏回报问题，学术界提出了很多解决方案，例如事后经验回放
（Hindsight Experience Replay）、蒙特卡罗树搜索、层级强化学习和增加辅助任务
等，这些方案的核心思想在于设法提升正样本的出现概率和利用效率；另外一些
工作则直接采用遗传算法（Genetic Algorithm）或进化策略（Evolution Strategy）
代替 DRL 算法来优化策略网络，这两种算法能够在超长时间跨度下收集稀疏回
报作为直接优化依据（见 7.4 节），而不必像 DRL 那样受限于 Episode 长度造成
的贡献度分配困难。除了上述这些方案，通过完善回报函数设计本身同样可以有
效克服稀疏回报问题，这也是本章关注的重点。

4.3 辅助回报

为了克服稀疏回报问题，需要在主线回报的基础上增加其他奖励项或惩罚
项，使回报函数变得稠密的同时引导 Agent 在环境中更加高效地探索，从而加快
DRL 算法的收敛速度并提升算法性能，这些主线回报以外的额外回报被称为**辅助
回报**。在实践中常用的辅助回报包括三类，即子目标回报、塑形回报和内驱回报，
接下来将分别对它们进行介绍。

4.3.1 子目标回报

1．贡献度分配

子目标回报是辅助回报的主要形式，其设计方法是将任务目标进一步分解为
子目标，然后按照各自在促进主线事件实现过程中的贡献大小和作用方向分别给
予恰当的奖励或惩罚。以上过程在学术界被称作**贡献度分配**（Credit Assignment）。
在理想情况下，贡献度分配应该由 DRL 算法在主线回报的引导下自动完成，子
目标回报设计相当于用人工代替算法实现了这一过程，从而帮助其克服稀疏回报

问题。DRL 算法利用辅助回报首先学会完成子目标，然后在此基础上就能以更大的概率探索到主线事件，最后在主线回报和辅助回报的共同引导下学会期望的技能。

贡献度分配和子目标回报设计都建立在对任务逻辑的深入分析和理解之上，每个具体任务都存在各种细节，它们可能对最终目标的实现产生正向或负向的影响。从任务目标出发反向回溯，并挖掘出构成目标达成的**充分或必要条件**的关键因素，以及这些因素是否还有各自的充分或必要条件，这是目标分解的基本思路和方法。就好比密室逃脱游戏，为了通关必须拿到门锁的钥匙，而为了找到钥匙就需要在房间里的每个预定位置发现并解开各种机关，这些游戏过程的中间节点都可以作为子目标，并为之设计对应的辅助回报。

2. 目标分解实例

总体上，子目标分为鼓励和规避两大类，分别代表"应该做什么"和"不应该做什么"。回到第 3 章图 3-2 所示的二维平面导航任务中，为了完成任务目标，Agent 需要实现三个显而易见的子目标，即抵达终点、避免碰撞和防止电量过低。其中，抵达终点属于鼓励类子目标，而另外两个则属于规避类子目标。

围绕抵达终点这个子目标还可以进一步设计其他次一级的子目标。例如鼓励类子目标"当前时刻位置比上一时刻更靠近终点"和规避类子目标"减少转弯"，前者促使 Agent 学会主动靠近终点，这有助于在后续探索中以更大的概率遇到主线事件和正样本；后者抓住绕路行为的典型表现——转弯多，通过惩罚转弯行为起到减少绕路的效果，从而达到高效抵达终点的目的。

对于避免碰撞和防止电量过低这两个规避类子目标，应该对相关状态（碰撞和低电量）进行惩罚。为了降低算法的学习难度，以上两个子目标还可以继续分解：避免碰撞的最好方式就是与障碍物保持一定安全距离，当 Agent 与最近障碍物的间距小于该距离时就施加惩罚；同理，在当前电量下降至充电预警电量或更低时也应该给予惩罚。

针对规避类子目标进行连续惩罚的效果通常要优于一次性惩罚，即使后者采用更大的幅值。这一方面是因为连续惩罚对长期累计回报的影响很容易超过稀疏的一次性惩罚，对 DRL 算法的引导作用更强；另一方面是因为连续惩罚作为一种即时反馈，往往与状态信息直接相关，而一次性惩罚则由于滞后效应只能做到间接相关，前者更有利于神经网络学习对有效特征的提取。在实践中，如果待规避状态持续存在（如低电量），则每一步给予惩罚即可；若待规避状态只在瞬间发生（如碰撞），则可以站在预防角度定义安全边界，并在 Agent 越界后开始连续惩罚。

综上所述，二维平面导航任务的子目标分解路径和对应的辅助回报设计如图 4-3 所示。

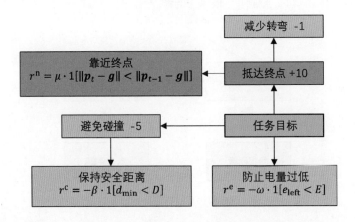

图 4-3 二维平面导航任务的子目标分解路径和辅助回报设计

沿袭 3.4 节中的定义，μ、β 和 ω 均为大于 0 的系数，$1[\cdot]$ 表示条件判断，中括号内的条件成立则取 1，反之则取 0。

3．与状态空间的协同设计

细心的读者可能已经发现，上述目标分解的过程与第 3 章中状态空间设计的第一步——任务分析是高度重合的，事实也的确如此。鉴于状态空间和回报函数设计之间的紧密联系，笔者曾一度考虑将本章与第 3 章合并为"状态回报设计"，

但终因两者在其他方面的诸多不同和篇幅限制而作罢。建议读者在认知和实践层面贯彻协同设计的理念，在将任务目标分解为子目标的同时，随时思考达成每个子目标都需要哪些信息作为依据，以及哪些信息能够反映子目标达成前后的变化。

例如要防止电量过低，就需要知道当前剩余电量是多少；为了避免碰撞，就必须知道当前位置和周围障碍物的分布情况；如果 Agent 转了弯，就应该体现在其朝向的变化上……它们作为与辅助回报直接或间接相关的信息，非常适合加入状态空间（见 3.4.2 节）。事实上，每新增一项辅助回报都应该马上检查状态空间中是否已经包含了与其直接或间接相关的信息，以及该信息是否足够高效，有没有继续改进的空间，这就是回报函数与状态空间协同设计的日常（如图 4-4 所示）。

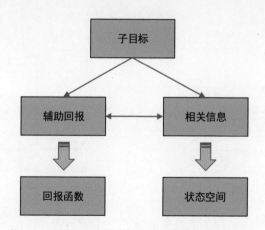

图 4-4　回报函数和状态空间的协同设计过程示意图

4.3.2　塑形回报

1. 基于势能的塑形回报

4.3.1 节中介绍的子目标回报是针对特定任务设计的，难以在不同类型的任务之间进行推广和迁移，而且基于目标分解设计的辅助回报虽然有效，但由于数量多、取值随意性大，在实际效果上容易偏离任务初衷而只能得到次优策略，关于这一点在 4.4 节中将进行更详细的讨论。针对子目标回报的上述缺陷，人工智能领域著名学者吴恩达（Andrew Ng）在 20 世纪末提出了**基于势能的回报塑形**

（Potential-Based Reward Shaping）**技术**，并从理论上证明了该技术能够在维持最优策略不变性的前提下加速强化学习算法收敛。

需要指出的是，通常意义上的回报塑形（Reward Shaping）技术作为应对稀疏回报问题的手段在强化学习领域早已得到广泛应用，但并不能保证其总是有效，有时还会像子目标回报那样导致偏离任务初衷的行为。基于势能的回报塑形技术规范了塑形回报的定义流程，在笔者看来是同时在原理、直觉和效果层面得到验证的方法。关于该技术的严格理论证明超出了本书的范围，推荐感兴趣的读者深入阅读参考文献[2,3]，这里仅讨论其使用方法。

如式（4-1）所示，基于势能的回报塑形技术在原回报函数的基础上增加了一项特殊的辅助回报$\gamma\phi(s') - \phi(s)$，其中γ为折扣因子，$\phi(s)$代表某种关于状态的势能函数，用于衡量当前状态与目标之间的距离。以主线事件为例，作为任务的最终目标，主线事件所对应的状态被称为**虹吸状态**（Absorbing State），当前状态距离虹吸状态越近$\phi(s)$取值越大，反之则越小。由于$\phi(s)$在任何状态下都有相应值，原来稀疏的回报函数因为塑形回报$\gamma\phi(s') - \phi(s)$的存在而变得稠密，从而对Agent在环境中的探索起到了高效的引导作用。

$$\bar{r}(s, a, s') = r(s, a, s') + \gamma\phi(s') - \phi(s) \tag{4-1}$$

理论上，最理想的势能函数是最优值估计$V^*(s)$，若能直接将最优策略$\pi^*(s)$唯一对应的$V^*(s)$作为势能函数，并以塑形回报的形式提供给 Agent，算法学习效率自然是最高的[1]。当然，这在现实中是很难做到的，但只要充分利用了特定任务的领域知识，即使势能函数$\phi(s)$与$V^*(s)$差别很大，也仍然可以显著加速算法收敛。在 4.2.2 节的例子中，将$\phi(s)$和塑形回报设计为图 4-5 中的形式，Agent 每右移一格都会获得奖励，左移一格会受到惩罚，原地不动则没有反馈，这样算法就很容易学会主动右移，从而提高正样本的出现概率。

---

1 相关证明详见参考文献[3]

势能函数： $\phi(s) = \dfrac{s-1}{4}$

(a)

	起点				终点
状态	1	2	3	4	5
势能	0	0.25	0.5	0.75	1

(b)

塑形回报		切换后的状态				
		1	2	3	4	5
切换前的状态	1	0	+0.25	×	×	×
	2	-0.25	0	+0.25	×	×
	3	×	-0.25	0	+0.25	×
	4	×	×	-0.25	0	+0.25
	5	×	×	×	-0.25	0

(c)

图 4-5 基于势能的塑形回报设计示例 1

图(a)中采用线性势能函数设计；图(b)中展示了从起点到终点不同状态下单调递增的势能；图(c)中列出了该势能函数下无折扣（$\gamma=1$）的塑形回报 $\phi(s') - \phi(s)$，元素 (i,j) 表示从状态 i 切换到状态 j 的塑形回报 $r(i,a,j)$，超过一格的状态切换因为不符合动作空间设定，所以没有塑形回报。

除了图 4-5(a)中的形式，还可以把势能函数 $\phi(s)$ 设计为图 4-6(a)所示的二次函数。如此一来，Agent 在左移或右移过程中收到的塑形回报将与其前后状态 s 和 s' 线性相关，也就是说，回报与状态信息的即时联动效应更加显著，强化学习算法的学习效率可能因此得到进一步提升。

势能函数： $\phi(s) = \dfrac{s^2 - s}{8}$

(a)

	起点				终点
状态	1	2	3	4	5
势能	0	0.25	0.75	1.5	2.5

(b)

塑形回报		切换后的状态				
		1	2	3	4	5
切换前的状态	1	0	+0.25	×	×	×
	2	-0.25	0	+0.5	×	×
	3	×	-0.5	0	+0.75	×
	4	×	×	-0.75	0	+1
	5	×	×	×	-1	0

(c)

图 4-6 基于势能的塑形回报设计示例 2

对于二维平面导航任务，可以像图 4-7 所示的那样选择 Agent 当前位置与终点之间距离的**负数**作为势能函数，从而使终点位置在该势能函数下成为虹吸状态，然后再将之前的靠近终点奖励 r^n 改为式（4-2）中的基于势能的塑形回报，

式中的折扣因子γ在实践中有时也会被忽略。每当 Agent 接近终点时就会收到正向奖励，而远离终点时则会受到负向惩罚，这要比图 4-3 中仅针对靠近终点行为的单方面奖励r^n具有更强的引导作用，而且还能防止 Agent 学会反复靠近、远离终点攫取高额累计收益的异常行为（见 4.4.2 节）。

$$r^n = \mu(\|\boldsymbol{p}_{t-1} - \boldsymbol{g}\| - \gamma\|\boldsymbol{p}_t - \boldsymbol{g}\|) \tag{4-2}$$

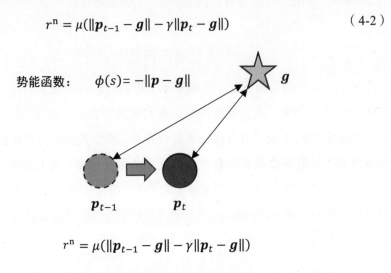

$$r^n = \mu(\|\boldsymbol{p}_{t-1} - \boldsymbol{g}\| - \gamma\|\boldsymbol{p}_t - \boldsymbol{g}\|)$$

图 4-7　基于势能的塑形回报设计示例 3

2. 非势能塑形回报

在实践中，还经常采用另一种形式更为简单的不基于势能函数的回报塑形技术。如图 4-8(a)所示，$r^{\text{shape}}(s)$是由当前状态s唯一确定的静态塑形回报，与状态切换无关，这相当于将图 4-5(a)中的势能函数直接作为塑形回报。从直觉上看，当 Agent 逐渐靠近终点时，其所收到的塑形回报随之线性增加，并在终点位置达到最大，因此可以起到引导 Agent 朝终点方向探索和加速算法收敛的作用。除了上述线性形式，还可以采用二次、三次甚至更高阶的函数，使塑形回报随着 Agent 到目标状态的距离呈现出更加显著的渐进式变化，从而起到更强的引导作用。

$$r^{\text{shape}}(s) = \frac{s-1}{4}$$

$$r^{\text{shape}}(s) = \frac{s-5}{4}$$

	起点				终点
状态	1	2	3	4	5
塑形回报	0	+0.25	+0.5	+0.75	+1

(a)

	起点				终点
状态	1	2	3	4	5
塑形回报	-1	-0.75	-0.5	-0.25	0

(b)

图 4-8 非势能塑形回报设计示例 1

然而，从理论层面分析，这种不基于势能的塑形回报无法保持原回报函数下最优策略的不变性。更为重要的是，在实际效果方面，图 4-8(a)中以正向奖励为主的静态塑形回报设计有可能导致异常行为，**因为 Agent 只需要在某中间状态下保持原地不动就可以收获比到达终点更高的累计奖励**。为了避免这一问题，更为稳妥的方案是采用图 4-8(b)所示的负反馈塑形回报，Agent 会为了少受惩罚而尽快右移到终点并结束 Episode。关于图 4-8(a)所示塑形回报设计方案存在的问题和相应改进措施，在 4.4.2 节中会进行更详细的讨论。

回报塑形技术不仅可以应用于主线事件对应的目标，也同样可以帮助子目标的学习。式（4-3）、式（4-4）和图 4-9 展示了避免碰撞和防止电量过低的子目标所对应的**非势能塑形回报**。注意，这里采用了类似于图 4-8(b)中的负反馈塑形回报来避免导致异常行为。在突破了预设的安全距离 D 和充电预警电量 E 后，Agent 与障碍物的距离越近、剩余电量越低，其受到的惩罚也越大。该塑形回报比图 4-3 所示的恒定惩罚具有更强的引导作用，Agent 也因此更容易学会与障碍物保持距离并及时充电。

$$r^{\text{c}} = -\beta \cdot \max(D - d_{\min}, 0) \tag{4-3}$$

$$r^{\text{e}} = -\omega \cdot \max(E - e_{\text{left}}, 0) \tag{4-4}$$

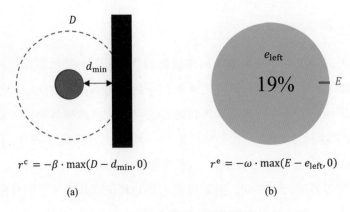

$$r^c = -\beta \cdot \max(D - d_{\min}, 0) \qquad r^e = -\omega \cdot \max(E - e_{\text{left}}, 0)$$

(a) (b)

图 4-9 非势能塑形回报设计示例 2

如式（4-3）和式（4-4）所示，当 Agent 与周围障碍物的最近距离 $d_{\min}$ 小于安全距离 D，以及当前剩余电量 e_{left} 小于充电预警电量 E 时，r^c 和 r^e 会分别对其施加塑形惩罚，$d_{\min}$ 和 e_{left} 越小，惩罚力度越大。

塑形回报不仅是稠密的，而且天然存在与之即时联动的状态信息。例如在二维平面导航任务中，Agent 与终点之间的距离 $\|p - g\|$、与周围障碍物的最小距离 $d_{\min}$ 和当前剩余电量 e_{left} 等，本例中它们不仅是各自塑形回报［式（4-2）到式（4-4）］的直接相关信息（见 3.4.2 节），$d_{\min}$ 和 e_{left} 更与塑形回报的渐进式变化呈线性相关，十分有利于 DRL 算法的神经网络学习从状态信息中高效地提取特征，并准确建立其与值估计和最优决策之间的相关性。这也从另一个角度解释了回报塑形技术为什么能够提升 DRL 算法的训练效率。

与子目标回报一样，塑形回报的设计同样建立在对任务逻辑的深入理解之上，并且需要用到领域知识。尽管塑形回报非常有用，但其并不能完全取代基于目标分解和贡献度分配的子目标回报。例如，对于围棋和视频游戏等任务来说，由于其过程的高度复杂性或抽象性，往往难以找到与状态有关的合适量化指标作为势能函数，塑形回报也就无从定义。因此，在实践中经常采用子目标回报和塑形回报（如果可用）组成的混合辅助回报。

4.3.3　内驱回报

强化学习最初发源于仿生学，用来模仿动物对外界环境的适应过程[4]。在现实中，动物除了本能地对来自外部的反馈信号做出趋利避害的反应，还存在主动探索未知环境的行为，这虽然既缺乏目的性又可能带来潜在危险，但从进化角度被认为有利于物种延续[5]。学术界根据这一现象，在强化学习中引入了内驱（Intrinsic Motivation）回报的概念。与本章前半部分介绍的主线回报、子目标回报和塑形回报等外驱回报不同，内驱回报不针对任何具体的（子）目标，而是无差别地鼓励 Agent 主动探索未知状态，并借此增加正样本和有益行为的发生概率，从而有效地应对稀疏回报造成的学习困难。

内驱回报的典型代表是基于好奇心的探索红利（Exploration Bonus），学术界已经对其进行了大量研究。根据好奇心（Curiousity）定义和实现方法的不同，其大体上有三个分支：基于状态计数（Count-Based）的好奇心、基于预测误差（Prediction-Based）的好奇心，以及基于伪目标生成（Pseudo Target-Based）的好奇心。第一种方案通过统计状态空间中不同状态的访问次数并按照反比给予奖励，从而鼓励 Agent 更多地探索新状态；第二种方案将状态的未知程度定义为对未来信息的预测误差，误差越大说明策略对该状态越陌生，相应的好奇心奖励也越多；第三种方案通过自适应地对当前策略下"勉强"可达的状态给予好奇心奖励，使其不断成为新的子目标，从而起到鼓励探索的作用。

在二维平面导航任务中，假如状态信息中不包含充电桩的位置，那么 Agent 在环境中的主动探索就显得尤为重要。在离散化空间编码表征下，状态空间维度有限且规模适中，因此可以采用基于表格计数的好奇心回报设计。如式（4-5）所示，$c(s, a)$代表之前的探索中在状态s下选择动作a的次数统计，r^i（i代表intrinsic）的作用是鼓励 Agent 探索地图中从未到达过的区域并尽可能选择多样化的动作，从而主动发现所有充电桩的位置，以及充电操作和剩余电量变化之间的相关性，为后续更高效地抵达终点、合理规划充电时机和充电路径奠定基础。

$$r^i = \frac{\rho}{\sqrt{c(s, a)}}$$

（4-5）

需要指出的是，内驱回报设计已经进入了 DRL 算法应用的"深水区"，属于方向明确但细节迥异的个性化措施，很难找到一种通用方案能够适用于所有甚至大部分任务。如果上例中的状态空间是连续的，基于表格计数的好奇心回报就不再可行，而只能采用改进后的变体[6-8]或者其他分支方案[9,10]。这就要求算法工程师充分了解学术界的主流方案，并结合项目实际情况选择最合适的方案，必要时可以多尝试几种不同的方案，从中找出效果最好的那种。

利用内驱回报鼓励和引导 Agent 在环境中探索的方案又被称为诱导探索（Directed Exploration），用以与 DRL 算法默认的非诱导探索（Undirected Exploration）方案如 ε-greedy、加性噪声和随机策略采样等进行区分。内驱回报在回报函数设计中作为可选项，适合用在复杂任务和稀疏回报任务中加强探索，在实践中，如果能够通过子目标回报和塑形回报较好地解决稀疏回报问题，则内驱回报并不是必需的。

4.3.4 回报取值的注意事项

在实际应用中，回报函数可能包含主线回报和多项不同类型的辅助回报，此时各回报项的取值就变得十分重要。一般而言，主线回报适合设计为正向奖励，而辅助回报既可以是正向奖励，也可以是负向惩罚。为了保证主线回报的核心地位和吸引力，各项辅助回报通常都会采用比主线回报更小的绝对值以避免喧宾夺主。为了不使 Agent 学会异常行为，除了基于势能的塑形回报和内驱回报，辅助回报应尽可能设计为负向惩罚，4.4.2 节还会就这一点继续展开深入讨论。

此外，回报项的绝对值过大会导致折扣累计回报的波动（Variance）加剧，从而增加 DRL 算法中值网络的学习难度，并直接或间接地给策略学习带来负面影响，最终损害算法性能。因此，在设计回报函数时必须注意各回报项的绝对值不宜太大。在强化学习中，一旦回报项的成分和符号确定，**它们之间的相对取值将唯一决定回报函数的整体逻辑功能，而所有回报项的等比例缩放不会改变这一功能**。利用这个重要特性可以先对原回报函数进行预处理，从而降低算法的学习难度，该操作被称为回报缩放（Reward Scaling），在第 6 章中讨论算法训练技

巧时将做进一步介绍。

4.4　回报函数设计的常见陷阱

在强化学习中，回报函数在客观上决定了算法在努力追求的实际目标是什么，随着主线回报之外的辅助回报越来越多，该目标很容易偏离最初的任务设定，有时甚至可能与之南辕北辙。正如古希腊神话中的弥达斯（Midas）国王为了过上更加锦衣玉食的生活，祈求神灵赐予其触物成金（Golden Touch）的本领，结果双手触及之物都立刻变成金子，最后差点被饿死[11]。显然，将食物变成黄金是错误的"子目标"，不仅不应该鼓励，反而要狠狠地惩罚（如图 4-10 所示）。这个神话故事向算法工程师提出了警示，在设计回报函数时要避免掉入偏离任务初衷的陷阱。

图 4-10　弥达斯国王的无差别触物成金术

回报函数设计中的陷阱通常来自关键辅助回报项的缺失，以及包括主线回报在内的各回报项之间不合理的相对取值。糟糕的回报函数会使 Agent 学会设计者不希望出现的异常行为，笔者将因病态回报函数设计导致的常见异常行为概括为三种类型，即鲁莽、贪婪和懦弱，接下来将分别予以介绍。

4.4.1 鲁莽

鲁莽行为产生的原因是回报函数中未针对某个（些）不希望出现的负面事件或行为设计相应惩罚或者惩罚力度过小，导致 Agent 无法学会主动规避该事件，或者权衡利弊后仍然选择承受该事件带来的惩罚以换取更大收益。弥达斯国王无差别触物成金的本领就属于典型的鲁莽行为。类似地，在图 4-11 所展示的任务中，机器人（Agent）需要穿过重重阻碍获得一锅金币。在这个过程中，设计者的本意是希望机器人避开难走的草地和致命的熔岩，而选择走大路。但在设计回报函数时忘记对闯入岩浆的行为施加惩罚，导致机器人一味追求捷径而甘愿"赴汤蹈火"。

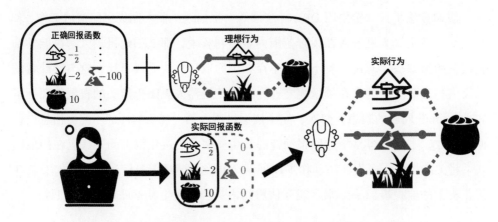

图 4-11　病态回报函数设计导致的鲁莽行为示例（引自参考文献[12]）

在二维平面导航任务中，如果没有设计针对与障碍物碰撞和电量过低的惩罚，Agent 可能会为了避免绕路而试图"穿过"障碍物导致碰撞事故和设备损伤，或者无视自身电量不足的现状只顾驶向终点，直至在半路停车抛锚，既丧失了充电机会，更无法继续完成目标。以上两个例子提醒算法工程师在设计回报函数时，务必仔细检查任务中可能出现的负面因素，并作为避免类子目标设置相应的惩罚项。对于引发严重后果的事件和行为，还应该在动作空间中增加完善的非法动作屏蔽措施（见 2.4.1 节），严格避免这类事件的发生。

4.4.2　贪婪

在强化学习任务中有些负面事件的来源较为特殊，例如本书 2.2.1 节提到的 Agent 通过篡改和操纵回报函数所导致的 Wireheading[13]问题。另外，在回报函数片面奖励某个鼓励类子目标而又缺乏相应制衡的情况下，Agent 同样可能学会采取投机策略反复攫取局部收益而放弃最初的学习目标。这种贪婪行为在学术界有一个专属名词——回报劫持（Reward Hacking）[14]，用于描述 Agent 通过"作弊"获得高累计回报而偏离预设任务目标的现象。贪婪行为主要由病态回报函数设计引起，其中 Wireheading 问题还涉及动作空间对回报函数的特殊影响机制。

假如算法工程师希望用 DRL 算法训练一个扫地机器人完成房间清洁工作，若将主线事件定义为机器人在视野范围内看不到灰尘，那么扫地机器人有可能学会直接关闭摄像头，通过"看不见即不存在"的取巧方式完成目标，这与设计者的初衷大相径庭。问题出在哪里呢？首先，授予机器人关闭摄像头的权限就埋下了 Wireheading 问题的隐患；其次，完全依据机器人第一视角的局部不完美信息设计回报函数，本身就容易增加回报劫持的发生概率。为避免以上问题，应在扫地模式下将关闭摄像头视为非法动作加以屏蔽，并设法通过全局信息源，比如安装在天花板上的监控摄像头，来客观评估房间内是否有灰尘并据此设计主线回报。

此外，即使在上例中增加吸入灰尘的奖励这一看似稳妥的辅助回报，也并非万无一失。因为扫地机器人完全可能学会一边吸入灰尘获得奖励，再一边排放灰尘，通过循环利用有限的灰尘创造最大化的收益。回到二维平面导航任务中，图 4-3 所示的回报函数利用靠近终点奖励 r^n 来引导 Agent 向终点附近探索，但实际上对它来说收益最高的选择并非尽快抵达终点，而是不断地重复"靠近–远离"的动作，因为持续累积小奖励的收益超过了抵达终点的一次性收益［如图 4-12(a) 所示］。图 4-8(a)所示的非势能塑形回报设计也存在类似的问题，Agent 甚至只需要原地不动即可获得超额收益。

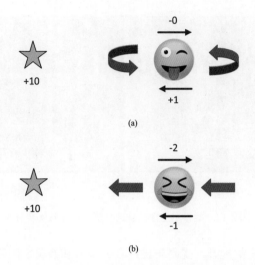

图 4-12 病态回报函数设计导致的贪婪行为示例和对应解决方案

为了解决上述问题，需要对原地不动或远离终点的行为进行惩罚，从而起到对单方面靠近终点奖励的制衡作用。但如果惩罚力度不够，Agent 仍可能发现作弊是划算的，这样就不能从根本上杜绝贪婪行为的出现。真正一劳永逸的办法是将靠近终点的正向奖励改成微小惩罚，并使其绝对值小于针对原地不动或远离终点行为的惩罚［如图 4-12(b)所示］。如此一来，Agent 在抵达终点并获得主线奖励以前只会获得负向反馈，这不仅能够消除 Agent 通过钻空子获得超额收益的动机，还可以督促 Agent 减少不必要动作而尽快向终点行驶。

在图 4-13(a)所示的 Atari 游戏《蒙特祖玛的复仇》中，Agent 需要先捡到钥匙才能走出当前房间（主线事件，+10）。为了加速学习专门为捡钥匙动作提供辅助奖励（如+1），若房间内只有一把钥匙还好，但如果有多把钥匙分散在房间各处［如图 4-13(b)所示］，Agent 会等捡起所有钥匙之后才走出房间；如果钥匙无限量供应，Agent 将一直留在房间捡钥匙以致忘记通关目标；即便只有一把钥匙，若 Agent 被允许重复"捡起–扔掉–再捡起"的动作，结果将同样糟糕。针对上述情况有三种应对措施：①将扔掉钥匙作为非法动作直接屏蔽；②不设捡钥匙奖励，由 Agent 自主发现主线奖励与捡钥匙之间的联系；③将捡钥匙奖励改为微小惩罚。

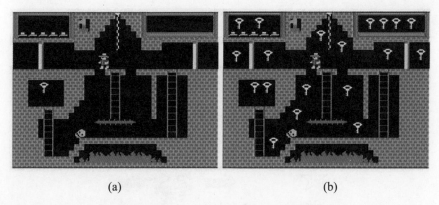

(a)　　　　　　　　　　　　　　(b)

图 4-13　数量不受限的辅助奖励可能导致贪婪行为

随着任务复杂度的提升，受限于设计者的脑力和经验，因病态回报函数设计导致贪婪行为出现的可能性也相应增加。除了保持小心谨慎，**在实践中最好遵循"一正多负"的原则**，即主线回报使用正向奖励，所有子目标回报都设计为惩罚项。**除非某个鼓励类子目标的达成是一次性的或者数量可控，否则不应轻易设计额外奖励项**，因为这样容易诱导 Agent 学会短视的贪婪策略，只捡芝麻不要西瓜。对于非势能塑形回报也应该遵循类似的原则，尽量使用图 4-8(b)和图 4-9 所示的负反馈塑形回报。注意，该原则并不适合基于势能的塑形回报（事实上也做不到），得益于势能函数双向变化带来的回报制衡效应，后者本身就能够有效杜绝回报劫持现象[3]。

4.4.3　懦弱

病态回报函数设计可能导致的第三种异常是懦弱行为，其本质上是一种特殊的回报劫持现象，但与贪婪行为不同的是，懦弱行为常见于辅助惩罚项很多且绝对值相对于主线奖励过大的情形。Agent 在训练初期收到的大量负反馈阻碍了其进一步探索到主线事件并获得奖励，从而使算法陷入局部最优，具体表现为某种形式的"绥靖"策略（如图 4-14 所示）。比如在 Atari 游戏 *PitFall* 中，Agent 为了逃避密集的惩罚信号很容易留在起始位置不动[15]；类似地，在二维平面导航任务中，Agent 为了躲避碰撞、绕路和低电量带来的大量惩罚，有可能选择在局部"安全"范围来回运动，这样既可以避免碰撞和节省电量，重复靠近、远离动作所收到的惩罚也要少于原地不动。

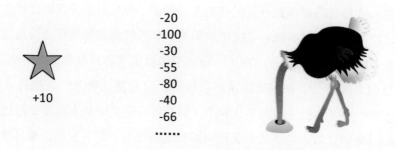

图 4-14 病态回报函数设计造成的懦弱行为示例

在实践中遇到上述情形时，通过减小惩罚项尤其是连续惩罚项的绝对值，同时突出主线奖励的影响，往往就能克服懦弱行为。此外，还可以使用基于势能的回报塑形技术，在"中和"惩罚项的同时为 Agent 探索提供更高效的引导信号，从而帮助策略摆脱局部最优。其他方面，考虑到懦弱行为产生于对长期累计收益的悲观预期，还可以适当减小折扣因子，使 Agent 更多地关注短期利益，但只要"迈开腿"到环境中进一步深入探索，就有可能遇到主线事件并学会目标技能。在第 6 章中将更加详细地介绍折扣因子的设置技巧。

4.5 最优回报问题

由于稀疏回报问题的存在，算法工程师不得不设计各种辅助回报来引导 Agent 在环境中探索，从而降低强化学习算法的训练难度。然而，随着辅助回报项的增多，它们之间相对取值的设计也渐趋复杂。通过 4.4 节的讨论我们知道，不合理的回报取值可能导致各种异常行为的发生。事实上，即使避开了这些异常行为，不同回报项之间相对取值的微妙变化也可能对策略的最终性能产生显著影响，这是 DRL 算法应用中不得不面对的现实。那么，针对给定的任务目标和性能评价体系，是否存在一组回报取值，使得强化学习算法在其他条件不变的情况下达到最优性能？

答案是肯定的，但由于强化学习尤其是 DRL 算法众所周知的低样本效率，

通过常规方式验证回报函数性能的代价十分昂贵，而且回报函数的设计空间是连续的，这使得针对回报函数的寻优更加困难。学术界将该问题定义为最优回报问题（Optimal Reward Problem，ORP），众多学者提出了各种方案尝试解决该问题，主要包括暴力搜索[16]、在线策略梯度回传[17]、分层强化学习[18]、遗传算法[19]和贝叶斯方法[12]等。这些方案各有优缺点，但在各自论文中基本都是通过迷你任务（Toy Task）来验证效果的，至于能否应用到复杂任务中尚有疑问，感兴趣的读者可以在该方向上进一步探索。

4.6 基于学习的回报函数

之所以存在最优回报问题，是因为回报函数作为一种目标代理机制，并不能保证精确地反映真实任务目标；此外，对于某些特殊的复杂任务（如图 4-15 所示），使用传统的目标分解和回报塑形技术难以设计出有效的回报函数。作为人工设计的替代方案，还可以针对任务目标通过某种方法（主要是有监督学习）自动学习一种从状态空间和动作空间到实数空间的映射关系：$r(s,a): \mathcal{S} \times \mathcal{A} \to \mathbb{R}$，并将后者作为回报函数用于强化学习算法的训练。在理想情况下，基于学习的回报函数能够比人工设计更加无偏地引导 Agent 完成既定目标，同时降低回报函数设计的难度和工作量。

图 4-15　MuJoCo 仿真环境中的 Hopper 后空翻任务（引自参考文献[20]）

4.6.1　经典方法

逆向强化学习（Inverse Reinforcement Learning，IRL）是一种经典的回报函

数学习方案,最早由著名学者吴恩达在 2000 年提出[21]。经过不断发展完善,逆向强化学习逐渐形成最大边际形式化和基于概率模型形式化两个大的方向,每个方向下又有多种不同方法。其基本思想是根据当前策略产生的样本与专家示范样本之间的差异学习回报函数,并基于后者使用强化学习算法持续优化该策略,不断重复以上过程直至其接近专家策略。模仿学习在逆向强化学习的基础上更进一步,绕过回报函数直接拟合专家策略。篇幅所限,本章不再对它们继续展开讨论。

4.6.2 前沿方法

本节中,笔者将结合论文阅读和实践经验,介绍两种学术界提出的颇具启发意义的回报函数学习方案。回顾 4.2 节的内容,强化学习任务的目标可以分为定性目标的达成和定量目标的极值化两类,这两种方案恰好针对两类目标分别提供了参考解决方案。

1. 针对定性目标的参考解决方案

如图 4-15 所示,我们希望 Agent 学会原地后空翻,这是一项十分复杂的技能,涉及定向发力和一系列连贯姿态调整,使用常规方法很难设计出符合要求的回报函数。那么,如何将定性目标转化为实数空间的回报值,并为回报函数学习提供监督信号呢?例如一项比较有代表性的工作(来自参考文献[20]),如图 4-16 所示,研究者在传统 Actor-Critic 框架[1]的基础上增加了一个回报预测网络,输入当前状态和动作,输出对应的回报值。三个网络的学习相互嵌套,其中策略网络和值网络依据当前回报预测网络的输出,通过常规强化学习算法进行优化。

---

1 同时具有策略(Actor)和值估计函数(Critic)的强化学习算法,其中 Critic 负责评估当前 Actor 的性能,Actor 根据 Critic 进行迭代更新,两者协同学习直到获得最优策略和对应的最优值估计函数。

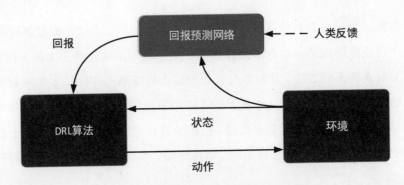

图 4-16　通过人类反馈自动学习回报函数的 DRL 算法框架示意图（引自参考文献[20]）

　　回报预测网络依据人类（Supervisor）的喜好，使用有监督学习的方式进行更新。具体方法是周期性采集一些 Episode 片段并成对儿地让人类观看，并由后者选择更喜欢哪个片段，再作为二分类问题产生梯度回传至回报预测网络。为了提高学习效率，每次都根据当前回报预测网络选出累计回报最接近的片段供人类进一步区分和选择，其思想类似于难例挖掘。回报预测网络的更新频率相对较低，总共只需要与人类进行十几次交互就能够使 Agent 顺利学会后空翻。整个过程相当于把人脑中的目标画面具象化为 Agent 的现实策略，而回报预测网络则起到了媒介作用。

2．针对定量目标的参考解决方案

　　定量目标虽然本身是量化的，但由于统计方法复杂、时间跨度大等原因，难以确定中间某时刻的选择对最终结果的影响。例如图 4-17(a)所示的日本麻将，通常需要 8～12 轮的博弈，然后根据总得分排列名次。麻将游戏属于典型的 POMDP 问题，选手只能看到自己的私牌、已经打出去的牌，以及对手明吃、明碰和明杠的牌，局势存在很大的不确定性。因此，每轮都全力争取最高得分和最大胜率并非明智之举，真正的高手在最后几轮优势明显的情况下为了稳操胜券，甚至会故意设法让第三名或第四名赢，从而剥夺第二名翻盘的机会。

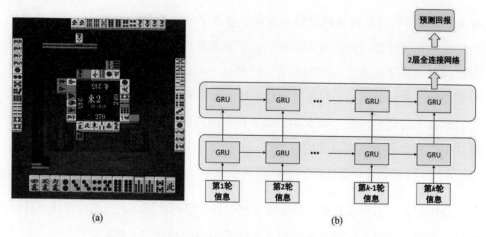

图 4-17　日本麻将和全局回报预测（引自参考文献[22]）

基于上述分析，直接采用每轮得分作为回报是不恰当的，而只采用游戏结束后的全局得分作为主线回报又面临稀疏回报问题。为了解决以上矛盾，麻将 AI 系统 Suphx[22]的作者采用了一种称为全局回报预测（Global Reward Prediction）的方法，利用 GRU（Gated Recurrent Unit）结构收集当前轮次和已结束轮次的信息并预测最终得分［如图 4-17(b)所示］，监督信号来自 Tenhou 麻将平台顶尖玩家的游戏记录。当全局回报预测网络 Φ 训练完毕后，将第 k 轮的回报指定为 $\Phi(x^k) - \Phi(x^{k-1})$，即用本轮过后全局得分预测的增量来评价当前轮次的贡献。

基于学习的回报函数方案在某些任务中展现出了良好效果和诱人前景，但其本身也存在一些不容忽视的问题。比如逆向强化学习和麻将 AI 中采用的全局回报预测均使用了专家数据，这本身就将专家策略默认为强化学习策略的性能上限，而现实中的专家策略并不完美，仍存在进一步改进的空间；另外，基于神经网络的回报函数同样具有神经网络的固有缺陷[23]，如果网络输出对于输入信息的某一维或某几维存在过高响应，则可能导致回报劫持问题[14]（见 4.4.2 节中介绍）。

4.7　本章小结

本章系统地介绍了 DRL 算法应用中的核心要素——回报函数的设计方法。

在 4.1 节中笔者将回报函数设计和强化学习算法分别比作编程和编译器，编程质量的好坏和编译器的性能优劣共同决定了策略性能；4.2 节介绍了主线回报以及稀疏回报问题带来的算法收敛困难；针对这一问题，4.3 节介绍了三种使回报函数更加稠密的辅助回报，包括基于贡献度分配和目标分解的子目标回报、基于回报塑形技术的塑形回报，以及用于鼓励探索的内驱回报；4.4 节介绍了回报函数设计中几种常见的陷阱以及应对策略，并引出了 4.5 节中关于最优回报问题的讨论；4.6 节介绍了几种基于学习的回报函数方案。

总体而言，回报函数设计的主要原则包括：尽可能稠密，能够反映任务目标/子目标逻辑，适时采用回报塑形技术，与状态空间相呼应，控制好各回报项的符号和相对大小（一正多负、正大负小），避免异常行为，必要时采用内驱回报加强探索，或者根据目标种类尝试自动学习回报函数。在实践中，回报函数和状态空间一样，都需要采取迭代设计模式，在反复实验中不断地"打补丁"，直至获得对性能满意的策略。回报函数的实际效果验证一般采用直接验证方式（见 3.4.4 节），但考虑到修改回报函数可能对累计回报产生显著影响，因此需要准备一套额外的标准用于定性或定量地评估策略的真实性能（见 6.3.3 节）。

参考文献

[1] RIEDMILLER M, HAFNER R, LAMPE T, et al. Learning by Playing Solving Sparse Reward Tasks from Scratch[C]//International Conference on Machine Learning. PMLR, 2018: 4344-4353.

[2] ABBEEL P. Learning for Robotics and Control-Value Iteration, CS294-40 [J]. University of California, Berkeley, 2008.

[3] NG A Y, HARADA D, RUSSELL S. Policy Invariance under Reward Transformations: Theory and Application to Reward Shaping[C]// International Conference on Machine Learning. 1999, 99: 278-287.

[4] SUTTON R S, BARTO A G. Reinforcement Learning: An Introduction[M]. 2nd ed. Cambridge: MIT press, 2018.

[5] SINGH S, LEWIS R L, BARTO A G, et al. Intrinsically Motivated Reinforcement Learning: An Evolutionary Perspective[J]. IEEE Transactions on Autonomous Mental Development, 2010, 2(2): 70-82.

[6] TANG H, HOUTHOOFT R, FOOTE D, et al. Exploration: A Study of Count-Based Exploration for Deep Reinforcement Learning[C]//31st Conference on Neural Information Processing Systems (NIPS). 2017, 30: 1-18.

[7] OSTROVSKI G, BELLEMARE M G, OORD A, et al. Count-Based Exploration with Neural Density Models[C]//International Conference on Machine Learning. PMLR, 2017: 2721-2730.

[8] ZHANG T, XU H, WANG X, et al. BeBold: Exploration Beyond the Boundary of Explored Regions[DB]. ArXiv Preprint ArXiv:2012.08621, 2020.

[9] PATHAK D, AGRAWAL P, EFROS A A, et al. Curiosity-Driven Exploration by Self-Supervised Prediction[C]//International Conference on Machine Learning. PMLR, 2017: 2778-2787.

[10] SAVINOV N, RAICHUK A, MARINIER R, et al. Episodic Curiosity through Reachability[DB]. ArXiv Preprint ArXiv:1810.02274, 2018.

[11] 尼斯. 金子：一部社会史[M]. 汪瑞，译. 北京：北京大学出版社，2016.

[12] HADFIELD-MENELL D, MILLI S, ABBEEL P, et al. Inverse Reward Design[DB]. ArXiv Preprint ArXiv:1711.02827, 2017.

[13] EVERITT T, HUTTER M. Avoiding Wireheading with Value Reinforcement Learning[C]//International Conference on Artificial General Intelligence. Springer, Cham, 2016: 12-22.

[14] Amodei D, Olah C, Steinhardt J, et al. Concrete Problems in AI Safety[DB]. ArXiv Preprint ArXiv:1606.06565, 2016.

[15] ECOFFET A, HUIZINGA J, LEHMAN J, et al. Go-Explore: A New Approach for Hard-Exploration Problems[DB]. ArXiv Preprint ArXiv:1901.10995, 2019.

[16] SORG J, SINGH S P, LEWIS R L. Internal Rewards Mitigate Agent Boundedness[C]//International Conference on Machine Learning. 2010.

[17] SORG J, LEWIS R L, SINGH S. Reward Design via Online Gradient Ascent[J]. Advances in Neural Information Processing Systems, 2010, 23: 2190-2198.

[18] BRATMAN J, SINGH S P, SORG J, et al. Strong Mitigation: Nesting Search for good Policies within Search for Good Reward[C]//International Conference on Autonomous Agents and MultiAgent Systems. 2012: 407-414.

[19] NIEKUM S, BARTO A G, SPECTOR L. Genetic Programming for Reward Function Search[J]. IEEE Transactions on Autonomous Mental Development, 2010, 2(2): 83-90.

[20] CHRISTIANO P, LEIKE J, BROWN T B, et al. Deep Reinforcement Learning from Human Preferences[DB]. ArXiv Preprint ArXiv:1706.03741, 2017.

[21] NG A Y, RUSSELL S J. Algorithms for Inverse Reinforcement Learning[C]//International Conference on Machine Learning. 2000, 1: 2.

[22] LI J, KOYAMADA S, YE Q, et al. Suphx: Mastering Mahjong with Deep Reinforcement Learning[DB]. ArXiv Preprint ArXiv:2003.13590, 2020.

[23] SZEGEDY C, ZAREMBA W, SUTSKEVER I, et al. Intriguing Properties of neural Networks[DB]. ArXiv Preprint ArXiv:1312.6199, 2013.

第 5 章
算法选择

5.1 算法选择: 拿来主义和改良主义

在明确任务需求并初步完成问题定义后,就可以为相关任务选择合适的 DRL 算法了。以 DeepMind 的里程碑工作 AlphaGo 为起点,每年各大顶级会议 DRL 方向的论文层出不穷,新的 DRL 算法如雨后春笋般不断涌现,大有"乱花渐欲迷人眼"之势。然而,落地工作中的算法选择并不等同于在这个急剧膨胀的"工具箱"中做大海捞针式的一对一匹配,而是需要根据任务自身的特点从 DRL 算法本源出发进行由浅入深、粗中有细的筛选和迭代。在介绍具体方法之前,笔者先尝试按照自己的理解梳理近年来 DRL 领域的发展脉络。

5.1.1 DRL 算法的发展脉络

尽管 DRL 算法已经取得了长足进步,但笔者认为其尚未在理论层面取得质的突破,而只是在传统强化学习理论基础上引入深度神经网络,并做了一系列适配和增量式改进工作。总体上,DRL 沿着 Model-Based 和 Model-Free 两大分支发展。前者利用已知环境模型或者对未知环境模型进行显式建模,并与前向搜索 (Look Ahead Search) 和轨迹优化 (Trajectory Optimization) 等规划算法结合达到

提升数据效率的目的。作为当前学术界的研究热点，Model-Based DRL 尚未在实践中得到广泛应用，这是由于现实任务的环境模型通常十分复杂，导致模型学习的难度很高[1,2]，并且建模误差也会对策略造成负面影响。从实用角度出发，本章将重点介绍 Model-Free DRL。

在笔者看来，任何 Model-Free DRL 算法都可以解构为"基本原理—探索方式—样本管理—梯度计算"的四元核心组件。其中按照基本原理，Model-Free DRL 又存在两种不同的划分体系，即 Value-Based 和 Policy-Based，以及 Off-Policy 和 On-Policy。如图 5-1 所示，DQN[3]、DDPG[4]和 A3C[5]作为这两种彼此交织的划分体系下的经典算法框架，构成了 DRL 研究中的重要节点，后续提出的大部分新算法基本都是立足于这三种框架，针对其核心组件所进行的迭代优化或者拆分重组。

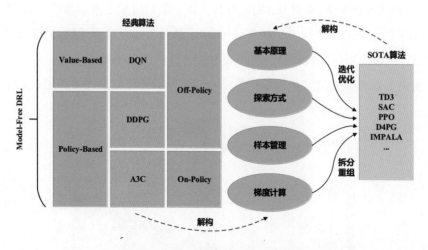

图 5-1　Model-Free DRL 的发展脉络和四元核心组件解构方法

图 5-1 中几个关键术语的解释是：Off-Policy 指算法中采样策略与待优化策略不同；On-Policy 指采样策略与待优化策略相同或差异很小；Value-Based 指算法直接学习状态–动作组合的值估计，没有独立策略；Policy-Based 指算法具有独立策略，同时具备独立策略和值估计函数的算法又被称为 Actor-Critic 算法。

关于上述 Model-Free DRL 算法的四元核心组件，其中基本原理层面依然进

展缓慢，但却是 DRL 算法将来大规模推广的关键所在；探索方式的改进使 DRL 算法更充分地探索环境，以及更好地平衡探索和利用，从而有机会学到更好的策略；样本管理的改进有助于提升 DRL 算法的样本效率，从而加快收敛速度，提高算法实用性；梯度计算的改进致力于使每一次梯度更新都更稳定、无偏和高效。总体而言，DRL 算法正朝着通用化和高效化的方向发展，期待未来会出现某种"超级算法"，能够广泛适用于各种类型的任务，并在绝大多数任务中具有压倒式的性能优势，同时具备优秀的样本效率，从而使算法选择不再是问题。

5.1.2 一筛、二比、三改良

从一个较粗的尺度上看，依据问题定义、动作空间类型、采样成本和可用运算资源等因素的不同，的确存在一些关于不同类型 DRL 算法适用性方面的明确结论。例如，Value-Based 算法 DQN 及其变体一般只适用于离散动作空间；相反，采用确定性策略的 Policy-Based 算法 DDPG 及其变体只适合连续动作空间[1]；而 A3C 和 SAC 等采用随机策略的 Policy-Based 算法则支持离散和连续两种动作空间；此外，随机策略通常比确定性策略具有更好的训练稳定性（如图 5-2 所示）。

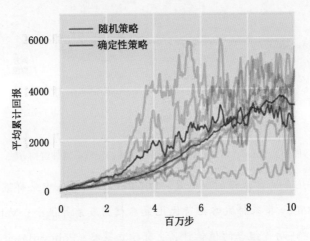

图 5-2   随机策略相比确定性策略的稳定性优势

---

1 根据本书 2.1.2 节的介绍，DDPG 也可以被推广至离散动作空间，但最好还是"专业的算法做专业的事"。

在 MuJoCo-Humanoid 控制任务中，分别采用随机策略和确定性策略的两种 SAC 算法变体在不同随机种子下多次训练的曲线显示，随机策略比确定性策略对随机因素的影响更加鲁棒，因此具有更好的训练稳定性。（引自参考文献[6]）

对于机器人等涉及硬件的应用，或者其他采样成本较高的任务，能够重复利用历史数据的 Off-Policy 算法相比 On-Policy 算法更有优势[7]。在多智能体强化学习任务中，多个交互的 Agent 互相构成对方环境的一部分，并随着各自策略的迭代导致这些环境模型发生变化，从而导致基于这些模型构建的知识和技能失效，学术界将上述现象称为环境不稳定性（Environment Nonstationarity）。由于该问题的存在，除非 Replay Buffer（经验回放缓存）[1]中的数据更新足够快，否则重复使用历史数据的 Off-Policy 算法反而可能引入偏差[8]。

由于利用贝尔曼公式 Bootstrap[2]特性的值迭代方法是有偏的（Biased）[1]，On-Policy 算法在训练稳定性方面一般好于 Off-Policy 算法。然而，为了尽可能获取关于值函数的无偏估计，On-Policy 算法往往需要利用多个环境并行采集足够多的样本，这就要求训练平台具有较多的 CPU 核，而 Off-Policy 算法则没有这种要求，尽管后者也能够从并行采样中受益[5]。表 5-1 总结了 Model-Free DRL 算法适用性的一般性结论。

表 5-1　Model-Free DRL 算法适用性的一般性结论

动作空间兼容性	采样成本容忍度	运算资源需求	训练稳定性	其他
Value-Based→离散动作空间	Off-Policy > On-Policy	On-Policy 需要更多的 CPU 核	On-Policy > Off-Policy	Off-Policy 容易受多智能体强化学习任务中环境不稳定性的影响
Policy-Based+确定性策略→连续动作空间				
Policy-Based+随机策略→离散&连续动作空间			随机策略 > 确定性策略	

在完成"粗筛"之后，对于符合条件的不同 DRL 算法之间的取舍变得微妙

1　在强化学习中用于存储历史样本的先入先出堆栈结构，常见于 Off-Policy 算法。
2　根据贝尔曼公式，当前状态的值估计可以展开为当前回报与下一个状态的折扣值估计之和，并可推广至多步展开，即 Multi-Step Bootstrap。

起来。一般而言，学术界提出的新算法，尤其是所谓 SOTA（State of the Art，当前最佳）算法，性能通常优于旧算法。但这种优劣关系在具体任务上并不绝对，目前尚不存在"赢者通吃"的 DRL 算法，因此需要根据实际表现从若干备选算法中找出性能最好的那个。此外，只有部分经过精细定义的实际任务可以通过直接应用标准算法得到较好解决，而许多任务由于自身的复杂性和特殊性，需要针对标准算法的核心组件进行不同程度的优化后才能得到较为理想的结果，这一点可以在许多有代表性的 DRL 算法落地工作中找到踪迹[9-11]。

注意这里所说的优化未必是学术级创新，更多时候是基于对当前性能瓶颈成因的深入分析，在学术界现有的组件改良措施和思想中"对症"选择，是完全有迹可循的。例如，为了改善 DQN 的探索，可以用噪声网络（Noisy Net）[12]代替默认的ε-greedy；为了提升其样本效率，可以将常规经验回放改为优先级经验回放（Prioritized Experience Replay，PER）[13]；为了提高其训练稳定性，可以在计算目标值时由单步 Bootstrap 改为多步 Bootstrap[14]等。在 5.2 节和 5.3 节中介绍具体的 DRL 算法时，会专门列出针对相关算法的可用组件优化措施供读者参考。

5.1.3　从独当一面到众星捧月

需要强调的是，算法在学术研究和落地应用中与诸如动作空间、状态空间、回报函数等强化学习核心要素的关系是不同的。具体可以概括为：**学术研究为了突出算法的优势，其他要素只需要保持一致甚至被刻意弱化；落地应用为了充分发挥算法的性能，其他要素应该主动迎合算法需求以降低其学习难度**。可以说一边是独当一面，另一边是众星捧月，这种角色上的差异是由学术研究和落地应用各自不同的出发点决定的。

学术研究的目标是在普遍意义上解决或改善 DRL 算法存在的固有缺陷，如低样本效率、对超参数敏感等问题，因此算法自身特质的优劣处于核心地位。为了保证不同算法之间进行公平的比较，OpenAI Gym、Rllab 等开放平台为各种任务预设了固定的状态空间、动作空间和回报函数，研究者通常只需要专心改进算法，而很少需要主动修改这些要素，即使修改也往往是为了刻意提升任务难度，

从而突出算法在某些方面的优点，比如将回报函数变得更稀疏，简化状态空间设计使其只包含低效的原始信息等。

与学术研究不同，落地应用的目标是在特定任务上获得最佳策略性能，而算法仅仅是实现该目标的众多环节之一。一方面，在学术研究中依靠算法改进做到的事情，在实际应用中可以通过状态空间、动作空间和回报函数的协同优化达到相同甚至更好的效果；另一方面，在学术研究中被认为应当尽量避免的超参数精细调节和各种难以标准化、透明化的训练技巧，在落地应用中成为必要工作。总之，落地应用中的策略性能优化是一项系统工程，需要"不择手段"地充分调动包括算法在内的各种有利因素。

5.2 牢记经典勿忘本

DQN、DDPG 和 A3C 作为三种经典 DRL 算法，开创性地将传统强化学习理论与深度学习相结合，并对后续相关研究产生了深远影响。同时它们也是目前被引用次数最多、开源资料最丰富的 DRL 算法，可以在 GitHub 上找到无数相关代码，既有 OpenAI、NVIDIA 这些大公司的，也有个人爱好者的。对于 DRL 初学者，它们是最合适的敲门砖；对于算法研究者，它们是最坚实的巨人肩膀；对于算法工程师，它们是最顺手的试金石。尽管越来越多的新算法不断涌现并后来居上，但是笔者认为仍然应该对它们予以足够的重视。

在介绍算法细节之前，在这里有必要对一些通用数学符号做一次集中说明，以尽量减少对读者的困扰。每种 DRL 算法中的值网络、策略网络（如果有的话）或其他待优化对象的目标函数统一表示为 $J(\cdot)$，并用下标注明待优化对象，括号内为对象参数，算法的学习目标是使 $J(\cdot)$ 减小。s、a、$\mathcal{S}$ 和 $\mathcal{A}$ 分别表示状态、动作、状态空间和动作空间，Reward 则表示为 r 或 $r(s,a)$，有时 s、a 和 r 会使用下标（比如 t）来注明它们在一段 Episode 内的获取时刻。$\mathcal{D}$ 通常用来表示 Replay Buffer 中的样本分布，ρ^{π} 则表示策略 π 下所采集 Episode 的样本分布。$\mathcal{H}(\cdot)$ 表示括号内对象的熵（Entropy）。如无特殊说明，上述符号同样适用于本书其他章节。

5.2.1 DQN

1. 组件解构

基本原理：DQN（Deep Q-Networks）继承了 Q-Learning 的思想，利用贝尔曼公式的 Bootstrap 特性，根据式（5-1）计算目标值并不断迭代优化一个状态–动作估值函数$Q_\theta(s,a):S \to \mathbb{R}^{|\mathcal{A}|}$直至收敛，$Q_\theta(s,a)$用参数为$\theta$的神经网络表示，经过一次前向计算输出所有可能动作（总数为动作空间维度$|\mathcal{A}|$）的Q值估计，从而可以根据它们的相对大小在各种状态下选择最优动作。

$$J_Q(\theta) = E_{s,a\sim\mathcal{D}}\left[\frac{1}{2}\left(r(s,a) + \gamma \max_{a'\in\mathcal{A}} Q_{\theta^-}(s',a') - Q_\theta(s,a)\right)^2\right] \qquad (5\text{-}1)$$

探索方式：DQN 在训练时默认使用一种称为ε-greedy 的探索策略，即根据当前输入状态s和最新估值函数$Q(s,a)$，以概率$1-\varepsilon$选择$\arg\max_{a\in\mathcal{A}}Q(s,a)$，以概率$\varepsilon$随机选择动作，随着训练的进行，$\varepsilon$在区间[0,1]内由大到小线性变化，DQN 也相应地从"强探索弱利用"逐渐过渡到"弱探索强利用"。

样本管理：DQN 属于 Off-Policy 算法，所谓 Off-Policy 是指用于采集样本的策略（又称为行为策略，Behavior Policy）与当前待优化的策略不一致。DQN 使用了一种称为 Replay Buffer 的先入先出堆栈结构存储在训练过程中采集的单步转移样本(s,a,s',r)，并每次从中随机选取一个 Batch 用于梯度计算和参数更新。由于 Replay Buffer 允许重复利用历史数据，以 Batch 为单位的训练方式覆盖了更大的状态空间，并中和了单个样本计算梯度时的 Variance（方差），因此是稳定 DQN 训练和提高其样本效率的重要措施。

梯度计算：为了克服 Bootstrap 给训练带来的不稳定性，DQN 设置了一个与Q网络结构完全相同的目标Q网络专门用于计算式（5-1）中的目标值，其参数用θ^-表示。目标Q网络不像主Q网络那样每次迭代都更新参数，而是每N次迭代后将主Q网络参数整体复制过来：$\theta^- \leftarrow \theta$，这样做可以有效提升 DQN 训练的稳定性。

2．特点分析

作为 Value-Based 算法，DQN 只适用于可穷举的离散动作空间，只有这样才能保证在特定状态下不同动作间通过 Q 值比较择优的运算量可控，对于连续控制任务显然无法做到这一点，但可以尝试在保持足够控制精度的前提下将连续动作区间离散化，从而使 DQN 的应用成为可能（见 2.3.1 节）。此外，DQN 在计算目标值时使用同一个目标 Q 网络进行动作的选择和评估，在噪声和误差存在的情况下容易产生偏高的值估计，学术界将其称为 Overestimation（过估计）问题，这会对 DQN 的性能带来负面影响。

3．改进措施

学术界针对 DQN 提出了一系列改进措施[15]，此外还有一些来自其他算法的可借鉴思想或技巧，主要包括：基本原理层面的 Dueling DQN[16]、值分布 DQN（Distributional DQN）[17]和多步 Bootstrap[14]；在探索方式上使用参数噪声[12,18]；样本管理方面的优先级经验回放[13,19]，正负 Episode 分开存储并以固定比例重采样的双桶（Double Bin）Replay Buffer[20,21]，事后经验回放（Hindsight Experience Replay，HER）[22]，以及通过多核并行采样改善探索和采样效率[5,23,24]；在梯度计算方面用于改善 Overestimation 问题的 Double DQN[25]和孪生（Twin）Q 网络[26]等。以上这些措施都在实践中证明有效，但受限于篇幅无法在这里对它们一一详细介绍，建议读者将其存入"算法工具箱"，并在需要时进一步阅读参考文献和其他相关资料。

5.2.2 DDPG

1．组件解构

基本原理：为了支持连续控制任务，DDPG（Deep Deterministic Policy Gradient）在 DQN 的基础上增加了一个参数为 ϕ 的策略网络 $\pi_\phi(a|s)$，根据输入状态 s 输出唯一确定性动作 a，$a \in \mathcal{A}$，$\mathcal{A}$ 代表 n 维（$n \geq 1$）连续动作空间。值网络

$Q_\theta(s,a): \mathcal{S} \times \mathcal{A} \to \mathbb{R}$输入状态$s$和动作$a$并输出单个值估计,其更新同样基于利用贝尔曼公式的 Bootstrap 属性的时序差分方法,但由于动作是连续取值的,在计算目标值时放弃了s'下基于Q值的动作寻优而直接使用策略网络输出[见式(5-2)]。策略网络扮演了Q网络优化器(Optimizer)的角色,其更新梯度完全来自Q网络,目标是最大化当前Q网络输出[见式(5-3)],推理时只需要策略网络做一次前向计算即可。

$$J_Q(\theta) = E_{s,a\sim\mathcal{D}}\left[\frac{1}{2}\left(r(s,a) + \gamma Q_{\theta^-}\left(s', \pi_{\phi^-}(a'|s')\right) - Q_\theta(s,a)\right)^2\right] \quad (5\text{-}2)$$

$$J_\pi(\phi) = -E_{s,a\sim\mathcal{D}}\left[Q_\theta\left(s, \pi_\phi(a|s)\right)\right] \quad (5\text{-}3)$$

探索方式:DDPG 采用加性噪声(Additive Noise)探索方式,即策略网络的输出与相同维度均值为 0 的高斯噪声相加,噪声的方差决定了探索力度。这相当于以当前输出动作为中心形成了一个高斯分布,而每次更新策略网络都使得输出动作向该分布中Q值更高的方向移动,直到分布内其他方向都是更差的方向,策略输出也就稳定在最优动作附近了,从而实现探索和利用的平衡。除了高斯噪声,DDPG 原论文还推荐使用奥恩斯坦–乌伦贝克噪声(Ornstein-Uhlenbeck Noise),即方差线性衰减的高斯噪声,实现从"强探索弱利用"到"弱探索强利用"的过渡。

样本管理:DDPG 作为 Off-Policy 算法,同样使用了经验回放和 Replay Buffer,通过重复利用历史数据来提升样本效率。

梯度计算:与 DQN 类似,为了稳定训练,DDPG 借鉴了独立目标网络的思想,为Q网络和策略网络分别设置了对应的目标Q网络(参数为θ^-)和目标策略网络(参数为ϕ^-),并在Q网络更新公式(5-2)中使用它们来计算目标值,防止 Bootstrap 的自激效应放大误差。但与 DQN 以固定周期整体复制参数的做法不同,DDPG 的目标网络每次迭代都跟随主网络进行更新,如式(5-4)和式(5-5)所示。具体做法是计算当前目标网络与主网络参数的加权移动平均(Moving Average),这被证明具有稳定训练的作用,参数τ被称作 Temperature,用于调节目标网络每步的更新幅度。

$$\theta^- = \tau\theta + (1-\tau)\theta^- \qquad (5\text{-}4)$$

$$\phi^- = \tau\phi + (1-\tau)\phi^- \qquad (5\text{-}5)$$

2. 特点分析

现实任务的控制变量很多都是连续取值的，比如角度、位移、速度、加速度、力矩、电流、电压等。DDPG 突破了离散动作空间的限制，使 DRL 算法的实用价值得到进一步提升。除了在类似于 MuJoCo 的仿真平台上解决各种虚拟连续控制任务，DDPG 同样被尝试应用到真实机器人上。然而，连续动作使任务探索空间急剧扩大，从而导致学习难度上升。此外，Q 网络的学习同样面临 Overestimation 的困扰，并将其拟合误差直接通过梯度传导给策略网络，多重不利因素叠加导致 DDPG 的训练稳定性和性能相对较差[7]，尤其在动作维度较高的复杂任务中表现不佳。

3. 改进措施

由于连续控制任务在现实中十分常见，同时 Off-Policy 算法具有较高的样本效率，因此 DDPG 开辟了一个非常有吸引力的研究方向。学术界在 DDPG 的基础上提出了各种改进方案，其中一些重要工作已经成为连续控制领域的 SOTA，例如，在基本原理层面引入最大熵学习目标和随机策略的 SAC[27,28]（见 5.3.2 节），以及引入值分布（Distributional）[1] 学习思想的 D4PG[29]；用于改善探索的参数噪声[18]和并行采样[5]；在样本管理方面，5.2.1 节中用于 DQN 的改进措施如优先级经验回放等同样适用于 DDPG；在梯度计算方面，包括了孪生 Q 网络、延迟策略更新、目标策略平滑等一系列改善目标值计算过程中 Overestimation 问题和 Variance 抑制措施的 TD3[26]（见 5.3.1 节）是集大成者。

---

1 注意 Distributional 和 Distributed 两个单词的区别，在 DRL 语境下，前者指值网络在常规学习目标的基础上额外拟合折扣累计回报的分布，后者则通常指多进程、多机并行采样。

5.2.3 A3C

前面介绍的 DQN 和 DDPG 都属于 Off-Policy 算法，它们都利用了贝尔曼公式的 Bootstrap 特性更新 Q 网络。这一方面允许重复利用历史数据，从而带来样本效率的提升，但另一方面导致训练稳定性较差，并且目标值的计算不是无偏的，普遍存在 Overestimation 问题，不利于累计回报的梯度回传[30]。与 Off-Policy 算法基于单步转移样本 (s, a, s', r) 学习不同，On-Policy 算法利用蒙特卡罗方法通过最新策略随机采集多个完整 Episode 获得当前值函数 $V(s)$ 的无偏估计，从而提高了训练稳定性。本节将介绍 On-Policy DRL 算法的经典代表 A3C（Asynchronous Advantage Actor-Critic）。

1．组件解构

基本原理：与 DDPG 的确定性策略不同，A3C 采用随机策略并输出动作的概率分布，因此不能直接从值网络 $V_\theta(s_t)$ 获得更新梯度，而只能通过随机采样估计梯度。A3C 继承了经典的 REINFORCE[31] 策略梯度 $\nabla_\phi \log \pi_\phi(a_t|s_t)(R - b(s_t))$，其中 $R = \sum_{i=0}^{k-1} \gamma^i r_{t+i} + \gamma^k V_\theta(s_{t+k})$ 为一段从状态 s_t 起始 Episode 的折扣累计回报，$b(s_t)$ 是用于降低 R 方差[32]的关于状态 s_t 的基准函数。A3C 以神经网络拟合的值函数 $V_\theta(s_t)$ 作为基准［见式（5-6）］，并将 $A(s_t, a_t) = R - V_\theta(s_t)$ 诠释为状态 s_t 下选择动作 a_t 的 Advantage（优势）估计，式（5-7）中的优化目标鼓励策略网络增加状态 s_t 下 Advantage 较高动作的输出概率。此外，由于输入都是状态 s_t，策略网络和值网络共享了一部分底层结构，这有助于算法更高效地学习特征提取。

$$J_V(\theta) = E_{s,R\sim\rho^\pi}\left[\frac{1}{2}\left(R - V_\theta(s)\right)^2\right] \tag{5-6}$$

$$J_\pi(\phi) = -E_{s,a\sim\rho^\pi}\left[\log \pi_\phi(a|s)A(s,a) + \omega\mathcal{H}\left(\pi_\phi(a|s)\right)\right] \tag{5-7}$$

探索方式：由于随机策略自带探索属性，因此不必依靠额外的探索手段，只需每次按照输出动作概率分布进行随机采样即可。随着训练的不断推进，策略对动作选择越来越自信，其输出的随机性相应逐渐下降，从而实现探索和利用的平衡。为了避免策略过早陷入局部最优而退化为确定性策略，A3C 引入了策略熵损

失（Entropy Loss）鼓励策略网络保持随机性，式（5-7）中的$\mathcal{H}(\pi_\phi(a|s))$代表策略熵，参数$\omega$则用于调节策略熵损失与策略损失（即 REINFORCE Loss）之间的相对权重。A3C 采用了多环境并行采样方案，每个环境都使用不同的随机种子甚至不同的探索方案，这类似于《火影忍者》中的"影分身之术"（如图 5-3 所示），不同的 Actor 各自独立探索并共享经验，极大地提升了探索效率，并且可以通过参数噪声[12,18]进一步加强。

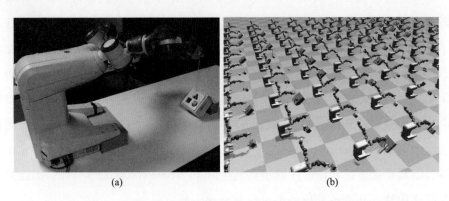

(a)　　　　　　　　　　　　　　　(b)

图 5-3　大规模并行采样在机器人"拎物入洞"任务上的应用（引自参考文献[33]）

样本管理：作为 On-Policy 算法，A3C 每次更新模型时都使用当前最新的策略采集一批样本，并在更新完成后彻底抛弃这些样本，而不像 DQN 或 DDPG 那样存入 Replay Buffer 重复利用[1]。上述并行采样方案通过足够高的采样效率，在事实上保证了值网络$V_\theta(s_t)$更新梯度的无偏性，从而达到稳定训练的目的。

梯度计算：如基本原理部分所述，A3C 算法使用每段 Episode 的折扣累计回报（又称为 Return）减去值网络输出作为 Advantage 的估计并参与到 REINFORCE 策略梯度的计算中［见式（5-7）］。基于 Advantage 的策略梯度可以在不引入 Bias（偏差）[2]的前提下降低梯度的 Variance 和绝对值，从而提升训练稳定性。A3C 在每个采样进程中独立计算梯度，并在主线程聚合后用来更新值网络和策略网络参

1　On-Policy 算法直接使用 Replay Buffer 中旧策略采集的历史样本计算梯度会引入偏差[1]。
2　Bias 和 Variance 是机器学习中的常见统计学概念，分别用来衡量预测值相对于真实值的偏差和波动性。

数。A3C 默认采用异步聚合的方式，这样做的优点是运行效率较高[34]，但采样策略与实际被更新策略间的差异可能损害算法的训练稳定性和最终性能，因此后续研究更多地沿用了 A3C 的同步梯度聚合版本——A2C。

2．特点分析

如果说经验回放和 Bootstrap 目标值计算为 Off-Policy 算法带来了高样本效率和低梯度回传效率，那么并行采样和蒙特卡罗目标值估计则为 On-Policy 算法带来了低样本效率和高梯度回传效率，这符合"不存在免费午餐"的理论。A3C 除了训练稳定性更高，其采用的随机策略对外界扰动也更加鲁棒，因此具有比确定性策略更好的泛化能力。对于多智能体强化学习任务而言，其理论纳什均衡点所对应的最优策略就是随机的。A3C 支持多种概率分布，包括针对 One-Hot 编码离散动作的类别（Categorical）分布、针对二进制离散动作编码的伯努利（Bernoulli）分布，以及针对连续动作的多变量高斯（Multivariate Gaussian）分布，因此具有良好的通用性，几乎各种任务都可以拿来跑一跑。

3．改进措施

然而，A3C 低下的样本效率使其在采样成本较高的任务中几乎不具备实用价值。为了缓解这一问题，理论上可以多次利用同一批在线采集的样本，但这样会导致单一梯度方向上过大的参数更新而破坏训练稳定性，如何解决这个矛盾成为学术界的研究重点。其中的代表性工作 TRPO[35]重构了基于 Advantage 的策略梯度优化目标［见式（5-8）］，并以更新前后策略输出分布的 KL 散度约束策略参数 ϕ 的变化幅度［见式（5-9）］；ACKTR[36]用二阶方法计算的自然梯度提升了样本效率，并同样采用 KL 散度约束参数更新幅度；PPO[37]继承了 TRPO 的思想，并将 KL 散度约束进一步简化为对 $\pi_{\phi'}(a|s)/\pi_\phi(a|s)$ 偏离 1 的程度约束，具体细节参见 5.3.3 节。此外，IMPALA[38]在保留 A3C 高效率的同时利用重要性采样克服了异步采样带来的负面影响。

$$\max_{\phi'} E_{s,a\sim\rho^\pi}\left[\frac{\pi_{\phi'}(a|s)}{\pi_\phi(a|s)}A^\pi(s,a)\right] \tag{5-8}$$

$$\text{subject to } E_{s,a\sim\rho^\pi}\left[D_{\text{KL}}\left(\pi_\phi(\cdot|s)\|\pi_{\phi'}(\cdot|s)\right)\right]\leqslant\delta \tag{5-9}$$

5.3 关注 SOTA 算法别留恋

5.2 节介绍的三种经典 DRL 算法作为早期工作，在数据效率和性能上存在许多短板，近年来经过研究人员对其核心组件的持续优化，诞生了许多新的 SOTA（State of the Art，当前最佳）算法。TD3、SAC 和 PPO 作为其中的杰出代表，除了在学术界得到广泛认可，在落地实践中也被证实具有良好的实用价值，同时三者作为一个整体在功能上覆盖了各种不同的任务类型。因此，在面对新任务时，笔者推荐先尝试这三种算法。但需要指出的是，随着 DRL 领域的持续快速发展，更多优秀的算法正在不断涌现，因此对任何暂时的 SOTA 算法都不必过分留恋。

5.3.1 TD3

1. 组件解构

TD3（Twin Delayed Deep Deterministic Policy Gradient）是在 DDPG 算法基础上迭代产生的改良版本，其基本原理、探索方式和样本管理组件均沿用自 DDPG，而 TD3 的主要改进措施都是围绕降低式（5-2）中计算目标值时存在的 Bias 和 Variance 进行的，**均属于对梯度计算组件的优化**。

目标值计算的 Bias 主要来自 Bootstrap 方法中普遍存在的 Overestimation 问题。Double DQN（DDQN）通过将状态 s' 下最优动作的 Q 值评估和选择分离开来，从而实现对 Overestimation 问题的抑制，但 DDQN 无法直接应用到连续动作空间。为此 TD3 给出的解决方案是设置两个完全相同的 Q 网络（又称为孪生 Q 网络），以及配套的两个目标 Q 网络，并对它们分别做独立更新，每次计算目标值时总是选择其中较小的那个，如式（5-10）所示，其中下标 $i = 1,2$，代表孪生 Q 网络的编号。

$$J_Q(\theta_i) = E_{s,a\sim\mathcal{D}}\left[\frac{1}{2}\Big(r(s,a) + \gamma \min_{i=1,2} Q_{\theta_i^-}\big(s', \pi_{\phi^-}(a'|s') + \epsilon\big) - Q_{\theta_i}(s,a)\Big)^2\right] \qquad (5\text{-}10)$$

为了降低目标值计算的 Variance，并缓解确定性策略对值函数局部"窄峰"的过拟合倾向，TD3 借鉴 Sarsa[31]的思想，秉持"近似动作应有近似值估计"的启发式原则，在状态 s' 下目标策略输出的基础上添加了一个随机高斯噪声 $\epsilon\sim\mathrm{clip}(\mathcal{N}(0,\sigma),-c,c)$，见式（5-10）。其中 clip 代表截断操作，目的是保持噪声化后的新动作在原输出动作附近。以上措施被 TD3 原作者称为目标策略平滑，注意不要将该平滑噪声与探索噪声混为一谈。

此外，为了减少目标值计算的 Variance 对策略学习的负面影响，TD3 降低了策略网络参数 ϕ 与目标网络参数 ϕ^- 和 θ_i^- 的更新频率，以保证 Q 网络经过充分学习降低 Variance 之后再影响策略网络和目标网络。具体的做法类似于 DQN 和 DDPG 的混合方案，每更新 d 次孪生 Q 网络再更新一次策略网络，梯度默认来自孪生 Q 网络中的 Q_{θ_1}，并采用 DDPG 的移动平均方式更新目标网络，分别如式（5-11）、式（5-12）和式（5-13）所示。

$$J_\pi(\phi) = -E_{s,a\sim\mathcal{D}}\big[Q_{\theta_1}(s, \pi_\phi(a|s))\big] \qquad （5\text{-}11）$$

$$\theta_i^- = \tau\theta_i + (1-\tau)\theta_i^- \qquad （5\text{-}12）$$

$$\phi^- = \tau\phi + (1-\tau)\phi^- \qquad （5\text{-}13）$$

2. 特点分析和改进措施

与 DDPG 相比，TD3 在连续控制任务中的表现获得了显著改善，无论在训练稳定性还是最终性能上都很有竞争力。同时，作为 Off-Policy 算法的 TD3 具有相对较高的样本效率，适合数据成本较高的应用。此外，5.2.2 节最后提到的针对 DDPG 在探索方式和样本管理组件上的改进措施也同样适用于 TD3。在缺点方面，TD3 与 DDPG 一样仅适用于连续控制任务，而不支持离散动作空间，考虑到后者在现实应用中也十分常见，TD3 在通用性上存在一定局限。

5.3.2　SAC

SAC（Soft Actor-Critic）在最早提出时也主要是针对 DDPG 在高维连续控制任务上表现不佳的问题的，但与 TD3 集中关注梯度计算组件的改进不同，SAC 在常规强化学习优化目标 $\max_\pi E_{s_t,a_t\sim\rho^\pi}[\sum_t \gamma^t r(s_t,a_t)]$ 的基础上引入了最大熵（Maximum Entropy）目标，即 $\max_\pi E_{s_t,a_t\sim\rho^\pi}[\sum_t \gamma^t(r(s_t,a_t)+\alpha\mathcal{H}(\pi(\cdot|s_t)))]$，并为之做出了一系列适配工作，从而使算法在基本原理、探索方式和梯度计算层面产生了深刻变化，在显著提升探索效率、训练稳定性和最终性能的基础上，也为对离散动作空间的支持打开了一扇门。

1．组件解构

基本原理：为了实现最大熵目标，$\pi_\phi(a|s)$ 由确定性策略改为随机策略，像 A3C 一样输出动作的概率分布。相应地，在 Q 网络目标值的计算中也增加了策略熵成分［见式（5-14）］。针对随机策略，为了直接从 Q 网络获得更新梯度，同时避免类似于 REINFORCE 的蒙特卡罗梯度估计降低样本效率，SAC 使用了 VAE（Variational Auto-Encoder）[39]中的重参数化技巧，并将策略输出重新表示为 $f_\phi(s;\epsilon)$［见式（5-15）］，而策略学习目标也从最大化 Q 网络输出改为最小化两个分布之间的 KL 散度[1] $D_{KL}(\pi(\cdot|s)\|\exp(\frac{1}{\alpha}Q_\theta(s,\cdot))/Z(s))$，后者可以用式（5-15）来估计。SAC 在经过少量适配后即可支持离散动作空间，**这归功于算法所采用的随机策略及其分布拟合学习目标**，如式（5-16）和式（5-17）所示，其中上标 disc（**discrete**）表示离散动作空间。

$$J_Q(\theta_i) = E_{s,a\sim\mathcal{D}}\left[\frac{1}{2}\left(r(s,a)+\gamma\left(\min_{i=1,2}Q_{\theta_i^-}(s',a')-\alpha\log\pi_\phi(a'|s')\right)-Q_{\theta_i}(s,a)\right)^2\right] \quad (5\text{-}14)$$

$$J_\pi(\phi) = E_{s\sim\mathcal{D},\epsilon\sim\mathcal{N}(0,I)}\left[\alpha\log\pi_\phi(f_\phi(s;\epsilon)|s)-\min_{i=1,2}Q_{\theta_i}(s,f_\phi(s;\epsilon))\right] \quad (5\text{-}15)$$

---

1 从拟合单点极值到拟合整体分布的思想，在很多工作中被证明有稳定训练和提升性能的作用[17,40,41]，可以将分布拟合理解为在原目标基础上增加了关联辅助任务（见 7.3.2 节），从而提高了样本利用效率。

$$J_Q^{\text{disc}}(\theta_i) = E_{s,a\sim\mathcal{D}}\left[\frac{1}{2}\left(r(s,a) + \gamma\left(\pi_\phi(s')^{\text{T}}\left(\min_{i=1,2}Q_{\theta_i}^-(s') - \alpha\log\pi_\phi(s')\right)\right) - Q_{\theta_i}(s,a)\right)^2\right]\quad(5\text{-}16)$$

$$J_\pi^{\text{disc}}(\phi) = E_{s\sim\mathcal{D}}\left[\pi_\phi(s)^{\text{T}}\left(\alpha\log\pi_\phi(s) - \min_{i=1,2}Q_{\theta_i}(s)\right)\right]\quad(5\text{-}17)$$

探索方式：由于 SAC 使用了随机策略，因此只需按照策略输出的动作概率分布随机采样即可实现探索。SAC 为控制最大熵目标分量与 Reward 相对尺度的超参数 α 设计了自动调节机制，方法是将原目标重构为在约束条件 $E_{s_t,a_t\sim\rho^\pi}[-\log\pi_t(a_t|s_t)]\geq\bar{\mathcal{H}}$ 下，求解传统强化学习目标 $\max_\pi E_{s_t,a_t\sim\rho^\pi}[\sum_{t=0}^T r(s_t,a_t)]$，并利用对偶问题推导出 α 的更新公式（5-18）和公式（5-19）。**注意，上述约束条件针对的是策略熵的数学期望，而不是机械地要求策略在任意时刻都保持高随机性和高探索强度。** 随着训练的推进，多数状态下的优劣动作已经十分清晰，没有必要继续探索。为了满足关于策略熵期望的约束条件，探索力度将逐渐集中到解空间中不确定性仍较大的部分，使策略呈现多模态特征（如图 5-4 所示）。

$$J(\alpha) = -E_{s,a\sim\mathcal{D}}\left[\alpha\left(\log\pi_\phi(a|s) + \bar{\mathcal{H}}\right)\right]\quad(5\text{-}18)$$

$$J^{\text{disc}}(\alpha) = -E_{s\sim\mathcal{D}}\left[\pi_\phi(s)^{\text{T}}\left(\alpha\left(\log\pi_\phi(s) + \bar{\mathcal{H}}\right)\right)\right]\quad(5\text{-}19)$$

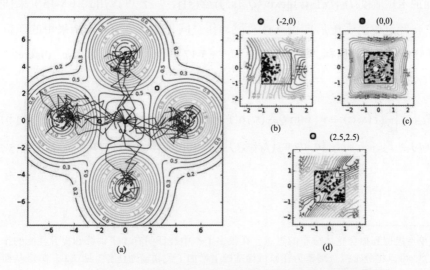

图 5-4　最大熵学习目标对探索的改善和策略的多模态特征

图(a)中 Agent 从红色中心点出发，在等高线所示的回报函数引导下向四个目标点运动。在动作优劣十分明确的中心区域，Agent 的行动轨迹较为简洁；而在目标点附近，其轨迹则呈现出多模态特征，显示了探索力度的转移；整体上看，Agent 并未陷入"偏袒"某个特定目标的局部最优，而是相对均匀地选择每个目标点；从图(b)~图(d)所展示的三个采样点附近的值估计分布中，也可以观察到这种特征。（引自参考文献[42]）

样本管理：SAC 作为 Off-Policy 算法，使用了与 DQN、DDPG、TD3 相同的经验回放和 Replay Buffer 结构，通过重复利用历史数据来提高样本效率。

梯度计算：SAC 借鉴了 TD3 中的孪生 Q 网络方法，通过设置两个独立更新的 Q 网络及其对应的目标 Q 网络，并在每次迭代时选择相同输入下两者之间较小的那个计算目标值 [见式（5-14）和式（5-16）]，从而实现对 Overestimation 问题的抑制。注意，SAC 并未像 DDPG 或 TD3 那样设置独立的目标策略网络 π_{ϕ^-} 用于目标值计算，而是直接使用当前最新策略 π_ϕ 进行动作采样：$a' \sim \pi_\phi(\cdot|s')$。此外，SAC 在重参数化 [见式（5-15）] 后利用 Tanh 激活函数将每一维动作压缩至区间 $[-1,1]$ 内，使策略输出由高斯分布变为"挤压（Squashed）"高斯分布，因此后续梯度计算也相应地做了适配[27]。

2. 特点分析和改进措施

SAC 用随机策略替换了 DDPG 中的确定性策略，显著提升了训练稳定性（如图 5-2 所示），并通过引入最大熵学习目标极大地改善了探索效率，这比 A3C 中单纯将策略熵损失作为维持策略随机性的正则化手段更加有效[1]。在实践中 SAC 的绝对收敛速度通常明显快于其他 DRL 算法，并在许多任务中性能领先乃至达到 SOTA。SAC 支持各种离散和连续控制任务，核心超参数 α 的自动调节机制使其在不同任务中的调参工作变得简单。以上优点叠加 Off-Policy 算法的样本效率

---

1 A3C 中用于鼓励策略随机性的策略熵损失并未改变值函数的学习目标，这与 SAC 有明显区别 [见式（5-14）和式（5-16）]。

优势，使 SAC 具备了较高的实用价值（如图 5-5 所示）。此外，5.2.2 节介绍的针对探索方式和样本管理组件的改进措施也同样适用于 SAC，对于离散版 SAC 还可以尝试 Dueling Network[16]和 Multi-Step Bootstrap[14]。

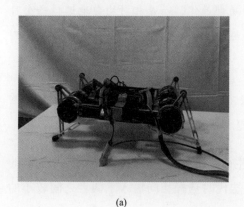 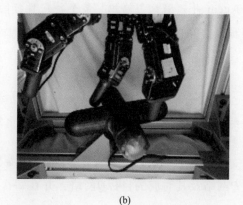

(a)   (b)

图 5-5　SAC 在实体机器人上的应用

图(a)和图(b)分别展示了 SAC 在四足爬行机器人和灵巧手物体操纵任务上的应用。由于 SAC 在训练稳定性、样本效率和收敛速度等方面的出色表现，使其在没有模拟器的条件下直接利用实体机器人采集的真实样本进行训练成为可能。（引自参考文献[27]）

5.3.3　PPO

1. 组件解构

如 5.2.3 节所述，PPO（Proximal Policy Optimization）在 A2C 基础上对样本管理和梯度计算组件做出了改进。为了提高在线采集样本的使用效率，PPO 将同一批样本分成 Mini-Batch 并重复利用多次，同时在计算策略梯度时限制参数更新幅度，从而避免产生训练不稳定性。为了实现这一点，PPO 继承了 TRPO 置信区域的思想，同时又规避了后者共轭梯度计算的复杂性。

如图 5-6 所示，PPO 将 KL 散度约束替换为对 $\pi_{\phi'}(a|s)/\pi_{\phi}(a|s)$ 偏离 1 的程度

约束，如式（5-20）所示，利用$\epsilon \in (0,1)$，$[1-\epsilon, 1+\epsilon]$定义了一个以 1 为中心的窄区间，在一个 Mini-Batch 内使新旧策略输出之比超出该区间范围的部分数据，由于截断操作而实际不产生梯度，只有处于置信范围内的数据才能将梯度回传至策略网络。可见，PPO 以在微观层面（一个 Mini-Batch 内）降低样本利用率为代价，实现了整体（同一个 Batch）样本利用率的提升。

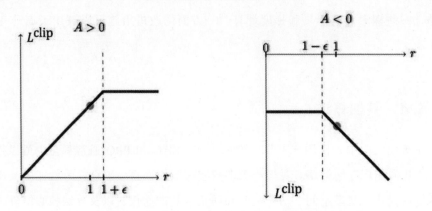

图 5-6　PPO 算法对新旧策略比值的截断操作（引自参考文献[37]）

$$J_\pi(\phi) = E_{s,a\sim\rho^\pi}\left[\min\left(\frac{\pi_{\phi'}(a|s)}{\pi_\phi(a|s)}A^\pi(s,a), \text{clip}\left(\frac{\pi_{\phi'}(a|s)}{\pi_\phi(a|s)}, 1-\epsilon, \right.\right.\right.$$
$$\left.\left.\left. 1+\epsilon\right)A^\pi(s,a)\right)\right] \quad\quad (5\text{-}20)$$

其他方面，PPO 在计算一段固定长度 Episode 内的动作优势（Advantage）时，采用了类似于 TD(λ)[31]的通用优势估计（Generalized Advantage Estimation，GAE）[43]来降低梯度的 Variance。

2. 特点分析和改进措施

PPO 具有 On-Policy 算法和随机策略稳定性高的优点，同时以较小的运算代价在一定程度上改善了 On-Policy 算法低下的样本利用率。类似于 A2C，多环境并行采样使得 PPO 具有较高的探索效率，因此尤其适合在具有优质环境模拟器

的任务中应用。

在成熟版 SAC[27,28]出现以前，PPO 曾为笔者带来过最多的成功经验。即便是现在，SAC 也无法保证在所有任务上的性能都超越 PPO。鉴于目前 DRL 算法不存在"赢者通吃"的事实，笔者推荐在解决连续控制任务时将 SAC、TD3 和 PPO 都尝试一遍并从中择优，对于离散控制任务也应该比较 SAC 和 PPO 的实际表现。此外，一些探索方式[12,18]和梯度计算[40,44]方面的改进措施可以被用于提升 PPO 的性能。

5.4　其他算法

在落地实践中，使用 5.3 节介绍的 TD3、SAC 和 PPO 通常都至少可以得到一个"勉强能用"的策略。对于绝大多数实际应用而言，继续提升性能的突破口在模拟器优化，状态空间、动作空间和回报函数的迭代，以及算法核心组件的增量式改进上。通过跟踪学术界相关领域的现有工作和最新进展，用组件化思维从中提取出有用的局部改良措施或者借鉴其背后的思想，然后以恰当方式应用到手头的项目中。当然，随着持续"量变"，未来一定会出现更优秀的现象级 SOTA 算法，到那时请毫不犹豫地将它们的选择优先级排在 TD3、SAC 和 PPO 之前。

此外，DRL 作为一个广阔的研究领域，本章的内容远不足以覆盖其所有细分方向的工作，即使把范围限定在 Model-Free DRL 也是如此。有可能读者正面临的问题恰好需要用这些算法来解决，例如某些超长时间跨度的细粒度控制任务，使用层级强化学习（Hierarchical RL，HRL）往往能够获得更好的性能；在多智能体强化学习任务中，需要采用定制化算法以克服环境不稳定性带来的负面影响，并解决多智能体间的信息共享、联合探索和贡献度分配等问题。此外，还有一些关于通用辅助任务方面的研究工作，能够与各种常规 DRL 算法结合并提升其性能，在第 7 章中将对此进行介绍。

5.5　本章小结

本章系统介绍了在落地应用中选择 DRL 算法的理念和原则。其中 5.1 节总结了主流 DRL 算法的发展脉络，并将 Model-Free DRL 算法解构为四元核心组件：基本原理、探索方式、样本管理和梯度计算。随后概括了一筛、二比、三改良的算法选择流程，并对比了 DRL 算法在学术研究和落地应用中的角色差异，强调了状态空间、动作空间和回报函数等"非算法"要素对 DRL 算法性能的关键作用。

5.2 节介绍了三种经典 DRL 算法，即 DQN、DDPG 和 A3C，并以四元核心组件的视角对它们进行了解构，总结了每种算法的优点和缺点，以及学术界针对各组件的主要优化工作。通过这一节的讨论，读者能够获得一些有用的一般化结论。5.3 节介绍了 TD3、SAC 和 PPO 三种当前的 SOTA 算法，以及其在四元核心组件层面相对于经典算法的演进关系。5.4 节提出用组件化思维跟踪学术前沿，并吸收转化为项目可用改进措施的方法论。随后指出本章在覆盖面上的局限性，并列举了一些特定应用场景对特殊算法的需求。

到此为止，本书已经将 DRL 算法应用中的需求分析、问题定义和算法选择等前期铺垫工作全部介绍完毕，接下来将正式进入算法的训练调试阶段，并随之打通"优化改进—效果验证"的迭代闭环。第 6 章将集中讨论 DRL 算法训练前的准备工作，以及不同 DRL 算法的训练技巧和注意事项。

参考文献

[1]　FRANCOIS-LAVET V, HENDERSON P, ISLAM R, et al. An Introduction to Deep Reinforcement Learning[J]. Foundations and Trends in Machine Learning, 2018, 11(3-4): 219-354.

[2]　SCHRITTWIESER J, ANTONOGLOU I, HUBERT T, et al. Mastering Atari, Go, Chess and Shogi by Planning with A Learned Model[J]. Nature, 2020, 588(7839): 604-609.

[3] Mnih V, Kavukcuoglu K, Silver D, et al. Human-Level Control through Deep Reinforcement Learning[J]. Nature, 2015, 518(7540): 529-533.

[4] LILLICRAP T P, HUNT J J, PRITZEL A, et al. Continuous Control with Deep Reinforcement Learning[DB]. ArXiv Preprint ArXiv:1509.02971, 2015.

[5] MNIH V, BADIA A P, MIRZA M, et al. Asynchronous Methods for Deep Reinforcement Learning[C]//International Conference on Machine Learning. PMLR, 2016: 1928-1937.

[6] HAARNOJA T, ZHOU A, ABBEEL P, et al. Soft Actor-Critic: Off-Policy Maximum Entropy Deep Reinforcement Learning with A Stochastic Actor[C]//International Conference on Machine Learning. PMLR, 2018: 1861-1870.

[7] KALASHNIKOV D, IRPAN A, PASTOR P, et al. Qt-Opt: Scalable Deep Reinforcement Learning for Vision-Based Robotic Manipulation[DB]. ArXiv Preprint ArXiv:1806.10293, 2018.

[8] GUPTA J K, EGOROV M, KOCHENDERFER M. Cooperative Multi-Agent Control Using Deep Reinforcement Learning[C]//International Conference on Autonomous Agents and MultiAgent Systems. Springer, Cham, 2017: 66-83.

[9] SILVER D, HUBERT T, SCHRITTWIESER J, et al. Mastering Chess and Shogi by Self-Play with A General Reinforcement Learning Algorithm[DB]. ArXiv Preprint ArXiv:1712.01815, 2017.

[10] LI J, KOYAMADA S, YE Q, et al. Suphx: Mastering Mahjong with Deep Reinforcement Learning[DB]. ArXiv Preprint ArXiv:2003.13590, 2020.

[11] ZHANG Z, ZOHREN S, ROBERTS S. Deep Reinforcement Learning for Trading[J]. The Journal of Financial Data Science, 2020, 2(2): 25-40.

[12] FORTUNATO M, AZAR M G, PIOT B, et al. Noisy Networks for Exploration[DB]. ArXiv Preprint ArXiv:1706.10295, 2017.

[13] SCHAUL T, QUAN J, ANTONOGLOU I, et al. Prioritized Experience Replay[DB]. ArXiv Preprint ArXiv:1511.05952, 2015.

[14] SUTTON R S. Learning to Predict by the Methods of Temporal Differences[J]. Machine Learning, 1988, 3(1): 9-44.

[15] HESSEL M, MODAYIL J, VAN HASSELT H, et al. Rainbow: Combining improvements in Deep Reinforcement Learning[C]//Proceedings of the AAAI Conference on Artificial Intelligence. 2018, 32(1).

[16] WANG Z, SCHAUL T, HESSEL M, et al. Dueling Network Architectures for Deep Reinforcement Learning[C]//International Conference on Machine Learning. PMLR, 2016: 1995-2003.

[17] BELLEMARE M G, DABNEY W, MUNOS R. A Distributional Perspective on Reinforcement Learning[C]//International Conference on Machine Learning. PMLR, 2017: 449-458.

[18] PLAPPERT M, HOUTHOOFT R, DHARIWAL P, et al. Parameter Space Noise for Exploration[DB]. ArXiv Preprint ArXiv:1706.01905, 2017.

[19] HORGAN D, QUAN J, BUDDEN D, et al. Distributed Prioritized Experience Replay[DB]. ArXiv Preprint ArXiv:1803.00933, 2018.

[20] NARASIMHAN K, KULKARNI T, BARZILAY R. Language Understanding for Text-Based Games Using Deep Reinforcement Learning[DB]. ArXiv Preprint ArXiv:1506.08941, 2015.

[21] JADERBERG M, MNIH V, CZARNECKI W M, et al. Reinforcement Learning with Unsupervised Auxiliary Tasks[DB]. ArXiv Preprint ArXiv:1611.05397, 2016.

[22] ANDRYCHOWICZ M, WOLSKI F, RAY A, et al. Hindsight Experience Replay[DB]. ArXiv Preprint ArXiv:1707.01495, 2017.

[23] NAIR A, SRINIVASAN P, BLACKWELL S, et al. Massively Parallel Methods for Deep Reinforcement Learning[DB]. ArXiv Preprint ArXiv:1507.04296, 2015.

[24] ONG H Y, CHAVEZ K, HONG A. Distributed Deep Q-Learning[DB]. ArXiv Preprint ArXiv:1508.04186, 2015.

[25] VAN HASSELT H, GUEZ A, SILVER D. Deep Reinforcement Learning with Double Q-Learning[C]//Proceedings of the AAAI Conference on Artificial Intelligence. 2016, 30(1).

[26] FUJIMOTO S, HOOF H, MEGER D. Addressing Function Approximation Error in Actor-Critic Methods[C]//International Conference on Machine Learning. PMLR, 2018: 1587-1596.

[27] HAARNOJA T, ZHOU A, HARTIKAINEN K, et al. Soft Actor-Critic Algorithms and Applications[DB]. ArXiv Preprint ArXiv:1812.05905, 2018.

[28] CHRISTODOULOU P. Soft Actor-Critic for Discrete Action Settings[DB]. ArXiv Preprint ArXiv:1910.07207, 2019.

[29] BARTH-MARON G, HOFFMAN M W, BUDDEN D, et al. Distributed Distributional Deterministic Policy Gradients[DB]. ArXiv Preprint ArXiv:1804.08617, 2018.

[30] SUTTON R S. Generalization in Reinforcement Learning: Successful Examples Using Sparse Coarse Coding[J]. Advances in Neural Information Processing Systems, 1996: 1038-1044.

[31] SUTTON R S, BARTO A G. Reinforcement Learning: An Introduction[M].2nd ed. Cambridge: MIT press, 2018.

[32] GREENSMITH E, BARTLETT P L, BAXTER J. Variance Reduction Techniques for Gradient Estimates in Reinforcement Learning[J]. Journal of Machine Learning Research, 2004, 5(9).

[33] CHEBOTAR Y, HANDA A, MAKOVIYCHUK V, et al. Closing the Sim-To-Real Loop: Adapting Simulation Randomization with Real World Experience[C]//2019 International Conference on Robotics and Automation (ICRA). IEEE, 2019: 8973-8979.

[34] BABAEIZADEH M, FROSIO I, TYREE S, et al. Reinforcement learning through Asynchronous Advantage Actor-Critic on A GPU[DB]. ArXiv Preprint ArXiv:1611.06256, 2016.

[35] SCHULMAN J, LEVINE S, ABBEEL P, et al. Trust Region Policy Optimization[C]//International Conference on Machine Learning. PMLR, 2015: 1889-1897.

[36] WU Y, MANSIMOV E, LIAO S, et al. Scalable Trust-Region Method for Deep Reinforcement Learning Using Kronecker-Factored Approximation[DB]. ArXiv Preprint ArXiv:1708.05144, 2017.

[37] SCHULMAN J, WOLSKI F, DHARIWAL P, et al. Proximal Policy Optimization Algorithms[DB]. ArXiv Preprint ArXiv:1707.06347, 2017.

[38] ESPEHOLT L, SOYER H, MUNOS R, et al. IMPALA: Scalable Distributed Deep-RL with Importance Weighted Actor-Learner Architectures[C]// International Conference on Machine Learning. PMLR, 2018: 1407-1416.

[39] KINGMA D P, WELLING M. Auto-Encoding Variational Bayes[DB]. ArXiv Preprint ArXiv:1312.6114, 2013.

[40] ZHANG C, LI Y, LI J. Policy Search by Target Distribution Learning for Continuous Control[C]//Proceedings of the AAAI Conference on Artificial Intelligence. 2020, 34(04): 6770-6777.

[41] ROWLAND M, BELLEMARE M, DABNEY W, et al. An Analysis of Categorical Distributional Reinforcement Learning[C]//International Conference on Artificial Intelligence and Statistics. PMLR, 2018: 29-37.

[42] HAARNOJA T, TANG H, ABBEEL P, et al. Reinforcement Learning with Deep Energy-Based Policies[C]//International Conference on Machine Learning. PMLR, 2017: 1352-1361.

[43] SCHULMAN J, MORITZ P, LEVINE S, et al. High-Dimensional Continuous Control Using Generalized Advantage Estimation[DB]. ArXiv Preprint ArXiv:1506.02438, 2015.

[44] YE D, LIU Z, SUN M, et al. Mastering Complex Control in MOBA Games with Deep Reinforcement Learning[C]//Proceedings of the AAAI Conference on Artificial Intelligence. 2020, 34(04): 6672-6679.

第 6 章
训练调试

6.1 训练调试：此事要躬行

本书前几章介绍的动作空间、状态空间、回报函数的设计和算法选择等工作，在实践中并非一蹴而就，每一次迭代的实际效果都需要经过客观检验，而算法训练就是其中的核心环节。对于大多数人而言，在学习 DRL 算法的过程中，如果离开了反复动手实践，即使阅读再多的论文、推导再多的公式，也难以全面掌握算法的工作原理和关键细节，也就不可能在实际应用中充分发挥算法的潜力并获得满意的结果。

众所周知，DRL 算法超参数众多，训练稳定性欠佳，可复现性差[1]，在生产环境中部署时还可能存在 Reality Gap 问题，因此训练 DRL 算法被很多人看作是玄学。然而，在科学研究领域没有人真正喜欢玄学，只有久经考验的一般化规律才能凝结成知识，被更多的人接受和推广。本章接下来的内容融合了许多个人的经验和各种参考资料中的精华，算是为 DRL 算法训练的"去玄学化"做出的一点微不足道的努力。

6.2 训练前的准备工作

6.2.1 制定训练方案

在正式开始算法训练以前，首先应该根据目标任务的特点制定训练方案。诸如棋牌类游戏、视频游戏或者其他能够做到 Game as Simulation 的任务（见 1.4.2 节），由于模拟器不存在 Reality Gap 问题，且采样过程安全可控，因此训练方案较为直观，所得到的策略也能够被无缝部署到真实环境中。然而，对于类似于自动驾驶汽车和机器人等与硬件有关的应用，由于普遍存在的感知和控制误差、传输延迟和信号噪声，无法做到 Game as Simulation，因此必须考虑这些不利因素对策略性能的实际影响。

针对上述第二种情形，一般存在三种训练方案：①先用模拟器训练，然后直接部署到真实环境中；②先用模拟器训练，然后在真实环境中进一步调整（Finetune）；③直接采集真实数据进行训练。近年来随着 DRL 算法在样本效率和收敛速度方面的不断改善，使得后两种方案逐渐成为可能[2]。通过 Agent 与真实环境直接进行交互，误差、延迟和噪声等干扰因素将作为环境模型的一部分被 Model-Free DRL 算法隐式地建模，并在值估计和决策生成过程中被充分考虑，因此也不存在 Reality Gap 问题，在相关条件都具备时是较为理想的方案。

然而，在真实环境中采样，除经济成本较高、需要频繁的人工干预外，还可能面临设备损毁甚至人员受伤的风险，所以应当采取必要措施以确保随机探索过程的安全性。例如，在动作空间设计层面，定义完善的非法动作屏蔽机制（见 2.4.1 节），并限制 Agent 的活动范围［如图 6-1(a)所示］[3]；在算法层面，首先通过模拟器预训练或者模仿学习得到基础策略，然后通过叠加高斯噪声实现小范围的安全探索和渐进式策略更新[4]；在物理层面，可以在易损部位使用柔性缓冲材料[5]［如图 6-1(b)所示］，并在 Agent 活动范围的边界安装能够触发急停的安全门或安全光栅。

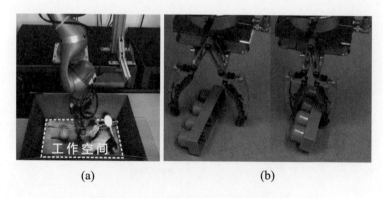

图 6-1　机器人抓取任务中的安全措施

图(a)中通过限制机器人末端夹爪在固定范围内活动,从而提高探索效率并避免发生意外情况;图(b)中夹爪与物体和桌面的接触部位使用了橡胶,避免在探索过程中刚性碰撞对夹爪和环境造成损失。(引自参考文献[3,5])

如果无法达到上述要求,或者难以承受由此带来的成本和损失,那么只能选择第一种方案,主要借助于模拟器进行算法训练了。为了尽可能减少 Reality Gap 对策略部署性能带来的负面影响,除采取 1.4.2 节中介绍的提高模拟器逼真度的措施外,还应该根据实际情况在设计和训练 DRL 算法时使用各种针对性手段,其中包括采用随机策略、配置随机环境参数、施加随机外部扰动、优化状态空间设计,以及在状态信息中添加随机噪声[6]等。

采用随机策略:第 5 章曾提到随机策略对外界干扰具有较好的鲁棒性,也因此具有相对更好的泛化能力,而采用随机策略的 SAC 和 PPO 等算法在此类任务中是较好的选择。当然,随机性也会在一定程度上压制策略性能。随机策略在性能评估或实际工作的过程中,既可以像训练时那样按照输出的概率分布随机采样,也可以用确定性方式输出最高概率的动作。前者鲁棒性更好但性能略差,后者一般性能更好但应对干扰的能力会下降,如图 6-2 所示。在实际部署策略时,**可以通过调节策略随机性找到性能和鲁棒性的最佳折中**。例如,采用类似于 ε-greedy 的方法,以概率 ε($\varepsilon \in [0,1]$)按照策略输出的分布随机采样,以 $1-\varepsilon$ 选择最高概率动作。

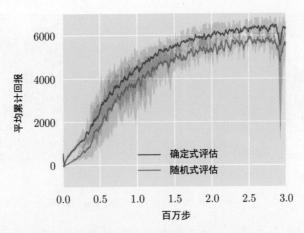

图 6-2　随机策略的不同使用方式对性能的影响

在部署或评估随机策略（假设输出是高斯分布）时，按照动作概率分布随机采样的性能通常弱于直接输出动作均值，后者对应高斯分布的概率密度峰值。但随机采样方案具有更好的鲁棒性，尤其在意外情形下，一定程度的随机性使策略更加灵活，不至于钻牛角尖。（引自参考文献[7]）

配置随机环境参数：模拟器相对于真实环境可能在一些关键物理参数上存在偏差，例如摩擦力、弹性系数、形状尺寸、质量分布、惯性等，这些偏差是 Reality Gap 的主要来源。为了缓解该问题，可以根据实际情况选出若干影响较大的关键物理参数，并参考实际测量值为它们各自设定合理的取值区间，然后在训练过程中每隔一段时间就从这些区间随机生成一组参数应用于模拟器。如果使用了多环境分布式采样，还可以在每个环境中使用不同的随机种子生成环境参数的组合。

施加随机外部扰动：除了在关键物理参数上存在偏差，模拟器的另一个缺陷是难以覆盖一些罕见的情形，例如地面上的坑洞和凸起、因光滑表面或油污造成的摩擦力急剧变化，以及各种形式的外力干预等。针对以上问题，一方面可以通过优化模拟器使其包含更丰富的细节，另一方面还可以不定时地对 Agent 施加随机扰动，从而增强其应对突发状况的能力，例如在模拟器中添加短时的横向干扰气流或者其他形式的外力等。

优化状态空间设计：第 3 章曾提到状态空间设计越简洁，在现实中 Reality Gap

相对越小，因此优化状态空间设计也是提高策略泛化能力的重要手段。具体地，应该保留关键信息而去掉一些次要细节，尽量避免使用高噪声、高漂移、高误差、高延迟的"四高"信号源所对应的状态信息，必要时对原始信号进行平滑处理以抑制噪声。此外，低质量和不完整信息会使 MDP 问题退化为 POMDP 问题，而一定范围内的历史信息能够有效提升算法的鲁棒性，例如可以将最近若干步的状态信息组合到一起构成最终的状态空间。

在状态信息中添加随机噪声：现实中通过各种传感器获得的信号不可避免地存在误差和延迟，除在仿真环境中对这些因素进行模拟外，还可以在训练时主动向状态信息中添加随机噪声，以提高策略在真实环境中的适应能力（如图 6-3 所示）。从理论上分析，额外的噪声可以缩小两个相似数据分布间的瓦式距离（Wasserstein Distance）[1]，因此被用于提高 GAN（Generative Adversarial Network，生成式对抗网络）[8]的训练稳定性[9]，该技巧用在 DRL 领域则可以缓解仿真环境与部署环境之间的 Reality Gap。添加噪声的类型和强度应尽可能与相关信号源的真实特性保持一致，其中最常用的是加性高斯噪声。

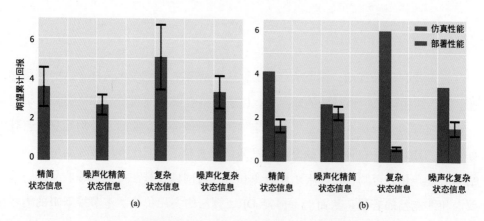

图 6-3　使用精简状态信息以及添加随机噪声对策略性能的影响

图(a)中分别展示了精简状态信息和复杂状态信息，以及在它们基础上添加噪声的条件下训练得到的策略在仿真环境中的性能对比。可以看到，使用复杂状态

---

1 瓦式距离是对两个分布间相似性的一种数学度量，请进一步阅读参考文献[10,11]。

信息的策略性能好于精简状态信息对应的策略，同时添加随机噪声的策略具有相对更低的性能均值和更小的方差，均值低说明噪声损害了性能，方差小则说明策略鲁棒性更好。图(b)中对比了上述策略在部署环境中的性能。可以看到，使用精简状态信息的策略性能更好，同时添加随机噪声的策略表现优于标准策略。（引自参考文献[6]）

以上关于 Reality Gap 的应对措施还有两点需要说明。首先，对于 SAC、PPO、TD3 等 Actor-Critic 结构的 DRL 算法来说，由于值网络不参与实际部署，因此状态空间精简和噪声添加可以只针对策略网络的输入，而值网络可以继续使用完整状态信息和无噪声真值作为输入，这样有助于值网络更好地估计折扣累计回报并指导策略学习[12]；其次，这些措施在增加策略泛化能力的同时也会损伤其性能（如图 6-3 所示），实践中需要在两者之间做好权衡。很多时候，策略性能的瓶颈不在算法上，而在硬件上，改善传感器和执行器精度所带来的收益往往超过针对算法的优化。笔者认为算法工程师应该具备识别上述情形的洞察力，并积极寻求和推动算法之外的工作。

6.2.2 选择网络结构

在正式开始训练前，需要为 DRL 算法中的各个功能模块选择合适的网络结构。网络结构属于一种特殊的超参数，但通常不会像其他超参数那样需要在训练过程中随时调整，基本上都是提前确定的。与图像分类、检测和分割等有监督任务相比，DRL 算法在训练时缺乏足够高效的监督信号，因此不应该片面追求网络结构的复杂化；否则，在有限运算资源和可控时间内，算法可能面临收敛难、收敛慢和性能差的窘境，从而严重损害 DRL 算法的实用价值。本节接下来的内容将详细讨论 DRL 算法网络结构设计的注意事项。

1. 网络类型

在实践中，DRL 算法使用的神经网络类型主要取决于状态空间设计和任务特性。

　　不同的状态空间编码形式都有各自适用的网络结构。向量编码信息适合采用全连接神经网络（Multi-Layer Perception，MLP），而空间编码信息适合采用卷积神经网络（Convolutional Neural Network，CNN）。当状态空间中同时存在向量编码信息和空间编码信息时，通常的做法是将它们分别输入 MLP 和 CNN 得到高层特征向量，拼接到一起后，再经过若干层 MLP 得到值估计或策略输出[13]，如图 6-4(a)所示。有时为了使网络结构更加简洁，可以将向量化信息按照固定模式[1]填充到与空间编码相同尺寸的一个或多个特征通道上，并与已有空间编码信息拼接后再输入纯卷积网络 [如图 6-4(b)所示][14,15]。当空间编码信息的总维度较低时，也可以将其拉成一维向量后输入 MLP[16]，但这样做不利于局部特征的提取，有可能对策略性能产生负面影响。

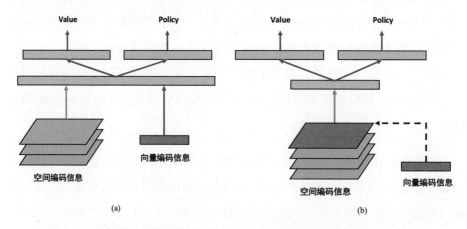

图 6-4　向量编码和空间编码混合状态空间对应的两种典型网络结构（Actor-Critic）

　　图 6-4 中绿色箭头表示 CNN，蓝色箭头表示 MLP，黑色虚线箭头表示将向量编码信息填充为空间编码信息的操作。

　　除了 MLP 和 CNN，LSTM（Long Short-Term Memory）和 GRU（Gated Recurrent Unit）等循环神经网络（Recurrent Neural Network，RNN）也经常被 DRL 算法用来挖掘更多的时序相关性。尤其对于 On-Policy 算法，数据是以 Episode 形式进

---

1 考虑到卷积运算的特点，最常用的模式是复制填充，也就是将某标量通过复制扩展为一个完整通道。

行采集和运算的，因此天然地支持 RNN。众所周知，RNN 的训练难度通常高于 CNN，在 DRL 算法中更应该谨慎使用 RNN。根据 MDP 的定义，在环境状态完全可观测的情况下，最优策略只与当前时刻的状态有关，无须考虑历史信息[17]；而在 POMDP 问题中，一定范围内的历史信息对于最优策略则十分重要。尽管如此，但是由于不同 POMDP 任务所需历史信息的时间跨度各不相同，它们并非都适合采用 RNN。

对于类似于《魔兽世界》《星际争霸》等超长时间跨度、强时序依赖性的任务，RNN 能够尽可能多地保留有用的历史信息，帮助 DRL 算法挖掘出其中的关键元素，并建立长期决策相关性；而对于四足爬行机器人[2]来说，只需要参考之前较短时间内的历史信息，即可有效应对延迟和噪声的影响，在这种情况下完全没有必要使用 RNN，常见的做法是将最近连续（或者等间隔）若干步的状态信息按照先后顺序叠加后作为当前时刻的输入信息，这样既包含了必要的时序信息，又避免了增加训练难度。**笔者的实践经验证明，在弱（短）时序依赖性的 POMDP 任务中，强行使用 RNN 引入过多无关的历史信息反而会降低 DRL 算法的性能。**

除了处理时序信息，RNN 还可以被用来编码不定长度的状态信息[18,19]。例如在多智能体强化学习任务中，Agent 总数在不同场景中可能是变化的，为了使用统一形式的状态空间和神经网络结构，除了采用 3.4.3 节中介绍的留空式状态设计，还可以按照特定顺序将每个 Agent 的信息依次输入 RNN，并由后者将其转化为固定长度的隐藏向量。此外，近年来深度学习领域最前沿的一些神经网络类型，如 Transformer、Pointer Network（指针网络）和 Graph Network（图网络）也被引入 DRL 算法，分别用来处理不定长度的输入、输出信息，以及对多节点关系进行建模[20-22]。

2．网络深度

读者只要稍微留意 DRL 领域的论文就会发现，多数工作中的所谓"深度"往往只对应于 2～3 层 MLP 或 4～5 层 CNN。这是因为越深的神经网络梯度回传

越困难，并且需要更多数据进行更长时间的训练，这对于缺乏高效监督信号、样本效率低下的 DRL 算法来说无疑是雪上加霜。笔者曾经尝试将已经收敛的 3 层 MLP 加深至 10 层，却发现根本无法收敛，随后在隐藏层添加类似于 ResNet 的跳线（Identity Mapping）后才勉强收敛，但在相同训练量下性能出现明显下降。因此，除非具备 DeepMind 和 OpenAI 那样强大的运算资源，否则应尽量避免用端到端的方式训练过深的网络。此外，小网络更便于部署到边缘计算设备中，在实时性和能耗方面也更有优势。

对于某些状态空间维度非常高的复杂任务，如果浅层网络确实不足以提供所需的特征提取能力，则可以适当加深网络，但为了确保 DRL 算法能够顺利收敛，往往需要先对其进行有监督预训练[15,22]，或者在强化学习目标之外增加一些辅助任务[21,23]，在第 7 章中将对此进行详细讨论。总体而言，为了缓解网络表征能力不足和 DRL 算法学习效率较低的矛盾，主要关注点应该放在状态空间和回报函数的优化设计上。尤其是前者，通过人工筛选与回报函数高度相关的状态信息，充分利用 Oracle 信息，并进行恰当的抽象化预处理，从而有效降低任务学习难度，提升 DRL 算法的收敛速度和最终性能（见 3.4 节）。

3．其他注意事项

关于 DRL 算法的网络结构，还有两点值得特别说明。

首先，应该慎用池化（Pooling）层。与包含大量冗余信息的自然图像不同，DRL 算法的输入状态信息通常会设计得较为精炼，因而对网络前向计算过程中的信息损失十分敏感。在深度学习领域广泛采用的 Max Pooling（最大值池化）和 Average Pooling（均值池化）等池化操作，通过较为"粗糙"的方式压缩特征图维度的同时也不可避免地带来有效信息的损失，而且越接近网络输出端，池化操作导致的信息损失就越显著。笔者曾在项目中被一个性能瓶颈困扰很长时间，直到将问题定位到网络末端的 Average Pooling 层才得以解决。在学术界 DRL 应用方面的工作中也可以找到类似的结论[15]。在实践中，**如果输入状态的信息密度较高，则建议在 CNN 中用 stride>1 来代替池化层实现特征图的降维。**

其次，建议慎用 BN（Batch Normalization，批归一化）层。笔者曾在多个项目中对比过 BN 层对 DRL 算法的实际作用，结论是没有获得性能的提升或者使性能变得更差。关于这一点学术界尚存争议，其中一些研究工作旗帜鲜明地支持了笔者的观察[24,25]，另一些工作虽然使用了 BN 层并获得成功，但往往并未将注意力放在这上面[3,22]。BN 层假设随机抽取的每一批（Batch）数据都遵守独立同分布（i.i.d），因此以批为单位统计均值和方差并对数据进行归一化，这对于使用固定训练集的有监督任务是没问题的。然而，在强化学习中状态分布会随着策略的迭代而发生显著变化，BN 层的统计数据可能会因此不断失效并反过来干扰训练。在实践中，**建议尽量通过优化状态空间设计或者有监督预训练来缓解 CNN 提取特征的压力，慎用或不用 BN 层。**

6.2.3 随机漫步

在正式开始训练前，建议先让 Agent 在环境中进行随机探索，如果使用了模拟器，则推荐像图 6-5 所示那样将仿真环境可视化，并实时统计和打印一些与任务相关的量化指标。笔者将上述操作称为随机漫步。通过观察 Agent 在随机漫步过程中的行为，可以建立起对目标任务的第一印象，同时获取很多关于目标任务的有用信息，从而为接下来的算法训练和迭代优化提供指导。

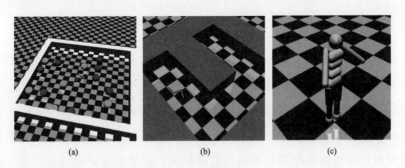

(a) (b) (c)

图 6-5　仿真环境可视化和随机漫步（引自参考文献[26]）

例如，通过观察随机漫步过程中主线事件（见 4.2.1 节）的发生概率，可以大致估计出目标任务的训练难度。主线事件出现的概率越大，在训练初期采集的数据中正样本占的比重就越高，相应地，DRL 算法也越容易收敛。即使主线事件

在随机漫步中从未出现，也可以根据观察分析出其中的主要障碍及其成因，从而在动作空间、状态空间和回报函数的设计以及探索策略上做出有针对性的改进。

随机漫步是动作空间设计的重要辅助手段，通过随机漫步可以检验动作空间的完备性、高效性以及非法动作屏蔽机制的可靠性。其中，衡量完备性和高效性的一个重要标准就是在随机漫步过程中主线事件出现的概率。例如图 6-5(a)展示的觅食任务中，假设 Agent 只有精确到达食物位置才能成功进食，那么过长的决策周期容易使 Agent 错过食物；反之，过短的决策周期则容易使 Agent 被随机性限制了活动范围，从而降低探索效率。因此，需要经过反复试错才能找到合适的决策周期（即 Frame Skipping 步长）。另外，随机漫步有助于发现非法动作屏蔽机制的漏洞，从而推动其不断完善。在实践中，可以利用模拟器并行化对非法动作屏蔽机制进行大规模的压力测试，从而极大地提高"查漏补缺"的效率。

此外，一些关键超参数的设定往往也需要参考随机漫步的观测结果。比如，利用随机漫步大致估算出 Agent 探索到主线事件所需要的步数，从而为折扣因子以及 A2C/A3C 和 PPO 等 On-Policy 算法中最大 Episode 长度的设置提供依据。通过统计随机漫步过程中的状态信息和回报值，找到它们各自的取值范围、平均值和方差，以及是否存在幅值过大的情况，可以为数据预处理提供重要参考。DRL 算法的数据预处理相比有监督学习存在特殊之处，在 6.2.4 节中将对此进行详细讨论。

6.2.4 数据预处理

1. 状态信息归一化

在机器学习领域，对训练数据做归一化处理是提升模型收敛速度和性能的关键措施，当数据绝对值较大时尤其如此。对于 DRL 算法而言，状态信息归一化操作同样可以为训练提供帮助。在图像分类和检测等有监督学习中，训练集由固定的离线数据构成，因此可以根据先验知识确定用于数据归一化的均值和标准差；相反，DRL 算法的状态信息则来自 Agent 与环境的在线交互过程，一种选

择是采用随机漫步过程中对状态信息的统计均值和标准差进行归一化，然而如
6.2.2 节所述，状态分布会随着 DRL 算法训练的进行而发生变化，因此这并非最
佳方案。

更好的做法是使用移动均值和标准差（Running Mean & Std），从而使这两个
值跟随状态分布动态变化。对于 PPO 等 On-Policy 算法，每采集一批新数据都可
以统计一组均值和标准差，然后以式（6-1）、式（6-2）中的形式分别对移动均值
和标准差进行更新。其中 o 表示从环境中读取的状态信息（Observation），参数
τ（τ ∈ (0,1)）用于控制更新速度。移动均值和标准差在训练起始阶段由于参与统
计的数据量不足而可能波动较大，因此笔者推荐使用随机漫步过程中统计的状态
均值和标准差作为移动均值和标准差的初始值，这在实践中取得了很好的效果。

$$o_{\text{mean}}^{\text{run}} = (1 - \tau) \cdot o_{\text{mean}}^{\text{run}} + \tau \cdot o_{\text{mean}}^{\text{new}} \qquad (6\text{-}1)$$

$$o_{\text{std}}^{\text{run}} = (1 - \tau) \cdot o_{\text{std}}^{\text{run}} + \tau \cdot o_{\text{std}}^{\text{new}} \qquad (6\text{-}2)$$

对于 SAC、TD3 等 Off-Policy 算法，除采用上述移动均值和标准差进行状态
信息归一化外，考虑到 Replay Buffer 的容量通常足够大（如 1e6），并且以先入
先出的方式不断更新内部样本，因此可以每隔一段时间整体计算一次 Replay
Buffer 内所有样本中状态信息的均值和标准差，并在下一次更新前作为固定值重
复使用。

2．回报缩放

在 4.3.4 节中，曾提到回报函数中各项的绝对值过高会导致折扣累计回报（以
下简称为 Return）和梯度计算的 Variance 增大，从而对 DRL 算法训练产生不利
影响。然而，所有回报项的等比例缩放不会改变回报函数作为整体的逻辑功能。
基于以上两点，通过将原始回报值缩放至合理区间，能够有效改善 DRL 算法的
训练稳定性，并显著提升其收敛速度乃至最终性能。上述操作被称为回报缩放
（Reward Scaling），目标是使 Return 具有单位标准差。在实践中，通常使用最近
采集的 Episode 来估计 Return 的标准差，并将其作为每个回报项的标准化除数，

如式（6-3）所示，其中$\sigma(\cdot)$表示统计标准差的操作，小正数ϵ的作用是保证数值稳定性。

$$r' = \frac{r}{\sigma(\sum_{t=0}^{T} \gamma^t r_t) + \epsilon} \qquad (6-3)$$

不同于回报缩放，回报函数中所有回报项的整体平移会改变各项回报之间的相对比例，甚至可能使回报的符号发生变化，这会在根本上改变回报函数所传递的真实意图。值得一提的是，DQN 中采用的回报截断（Reward Clipping）操作[27]虽然能够稳定训练，但同时也存在类似的问题，即改变了各项回报之间的相对比例，从而在原学习目标上引入 Bias[17]。当然，对于存在超大绝对值回报项的糟糕回报函数设计，像式（6-4）那样先通过回报缩放将大多数回报项变换至合理范围，再针对极少数超限回报进行截断操作，不失为一种两全其美的方案。

$$r' = \text{clip}\left(\frac{r}{\sigma(\sum_{t=0}^{T} \gamma^t r_t) + \epsilon}, -|r|_{\max}, |r|_{\max}\right) \qquad (6-4)$$

需要注意的是，回报缩放操作会显著改变 Return 的均值和方差。如果需要用 Return 来衡量算法性能，尤其是与其他未采用回报缩放的算法进行可视化比较时，应该基于回报缩放之前的回报函数额外统计一套 Return 用于曲线绘制。在实际落地项目中，Return 通常并不是一个理想的性能衡量指标，在 6.3.3 节中将对此做进一步解释。

6.3 训练进行时

6.3.1 反脆弱：拥抱不确定性

DRL 算法的训练稳定性通常远不如分类、检测和分割等有监督任务，这一方面体现在 DRL 算法对超参数非常敏感（如图 6-6 所示），另一方面体现在不同随机种子下的训练过程和结果也可能差别很大（如图 6-7 所示）。调参烦琐外加可复现性差，使得 DRL 领域一度成为学术界吐槽和打假的重灾区[28]，在计算机视

觉任务中只有 GAN 曾经"享受"过这样的待遇。造成以上问题的根本原因在于 DRL 算法缺乏高效的监督信号以及探索过程存在高随机性,这由强化学习的基本假设所决定,并被深度神经网络进一步放大。

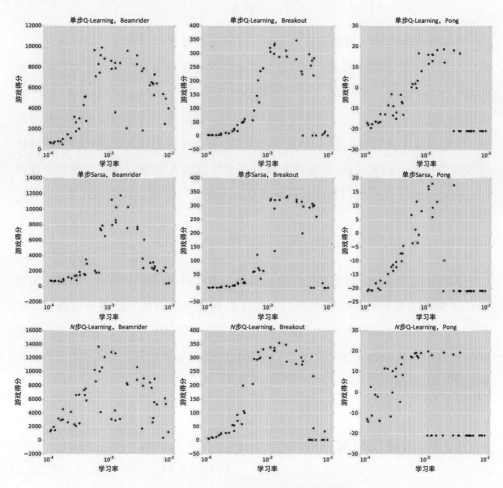

图 6-6 DRL 算法对学习率的敏感性测试

图 6-6 中展示了 3 种 DRL 算法(纵向)在 3 个 Atari 游戏(横向)中的得分随学习率变化的趋势。可以看到,以 10 倍为单位,高性能策略所对应的学习率区间普遍较窄,这意味着需要做精细的调参。(引自参考文献[29])

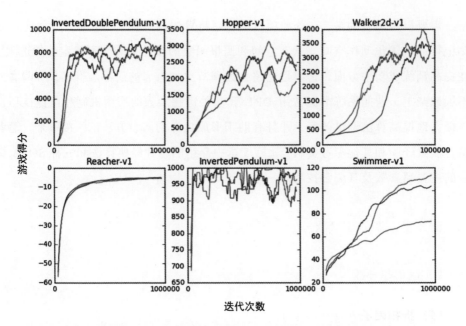

图 6-7 相同算法在不同随机种子下的训练曲线（引自参考文献[30]）

　　在尝试将 DRL 算法应用于全新任务时，由于刚开始缺乏可靠依据，超参数设置基本凭感觉，能否收敛确实存在运气成分，对于大型复杂任务更是如此。在 DRL 落地实践中，这种第一次训练"心里没底"的忐忑体验无论对入门小白还是学术明星都是公平的。例如著名的 OpenAI Five 项目[31]，其团队成员曾在接受采访时透露，他们在完成各项配置并将训练脚本运行起来以后就全体去度假了，回来后打开屏幕惊喜地发现算法顺利收敛了。这则故事听起来颇具传奇色彩，但笔者根据自身经验相信这是真的。

　　尽管如此，也没有必要过分悲观。一方面，随着学术界的持续努力，DRL 算法在不断刷新性能纪录的同时，其训练过程也变得愈加可控，调参难度正在不断降低；另一方面，只要在心理上接受了 DRL 算法训练稳定性较差的事实，并开始潜心实践时就会发现一切都是有迹可循的。训练 DRL 算法不是一次性的押宝下注，而是一个动态完善的过程。通过在实验现象和算法原理之间不断穿梭和反复验证，往往能够同时加深对任务逻辑和算法本质的理解，并随着经验积累逐渐养成见招拆招的自信，这是对反脆弱[32]的生动诠释。

需要提醒读者的是，在落地项目中切忌将算法调试置于孤立地位，而应该时刻记得通过优化动作空间、状态空间和回报函数的设计来减少不确定性的选项。在提高训练成功率方面，它们是比超参数调节更加有力的武器。当然，所谓磨刀不误砍柴工，若能熟练掌握常用 DRL 算法关键超参数的作用机制和设置技巧，将极大地提高算法调试效率，并且有助于形成自己的调参方法论。接下来，笔者结合实践经验和其他参考资料，就第 5 章中介绍的三种经典算法和三种 SOTA 算法的主要超参数及其调参技巧做一些讨论。

6.3.2 调节超参数

1. 通用超参数

（1）折扣因子

在强化学习中，最初引入折扣因子 γ（$\gamma \in (0,1)$）是为了将有限时间范围的 MDP 扩展至无限时间范围的 MDP。在 Return 计算公式 $\sum_{t=0}^{\infty} \gamma^t r_t$ 中，γ 的高阶次幂淡化了较远回报的影响，从而在事实上决定了 Agent 做决策时的参考范围。γ 越大 Agent 向后考虑的步数越多，反之则越注重眼前的利益。在实践中，一般使用经验公式 $1/(1-\gamma)$ 来估计决策依据的有效范围，例如 $\gamma = 0.99$ 代表 Agent 向后考虑 100 步以内的回报而忽略更远回报的影响。我们通常都希望 Agent 能够"深谋远虑"，但过大的折扣因子意味着算法需要在超长时间跨度下，完成针对中间决策的贡献度分配（Credit Assignment），从而导致其收敛困难。

仍以本书第 3 章中图 3-2 所示的二维平面导航任务为例，并考虑两种任务情形：第一种情形是 Agent 距离终点很远且地形复杂，在回报函数中除抵达终点的主线奖励外没有任何反馈信号，由于 Agent 通过随机探索在短时间内抵达终点的概率很小，因此需要设置一个较大的折扣因子，使 Agent 有能力意识到"光明未来"的存在；第二种情形是 Agent 与终点距离适中且地形相对简单，但回报函数在主线奖励之外，还针对静止不动、远离终点和碰撞行为给予了较大惩罚，Agent 在探索过程中将收到大量负反馈，即使算上零星的主线奖励，其累计回报也可能

还不如留在原地打转（见 4.4.3 节），此时适当减少折扣因子反而可以鼓励 Agent 出来探索。

由此可见，折扣因子设置不仅需要考虑获得主线奖励的预期步数，还与回报函数的设计质量息息相关。优秀的回报函数能够有效缓解长跨度决策和收敛困难之间的矛盾。例如，经过精心设计的塑形回报使 DRL 算法在较小折扣因子下也可以顺利收敛并获得高性能，虽然按照经验公式估算 Agent 可能"看不到"未来主线事件的发生，但塑形回报在这里起到了路标作用，Agent 只需要关注眼前的稠密指示就能轻易习得有用的局部技能（靠近目标），并最终探索到主线事件。

总之，折扣因子的一般取值原则是，**在算法能够收敛的前提下尽可能大**。可以通过随机漫步观察或统计 Agent 探索到主线事件所需的步数分布，并选择合适步数使得 Agent 在对应范围内有一定概率获得主线奖励，注意这个概率越大 DRL 算法的训练难度就越小，然后利用经验公式 $1/(1-\gamma)$ 将该步数换算成 γ。针对具体任务及其回报函数，还需要在实践中检验是否存在回报劫持的风险，并决定是否应进一步优化回报函数或者只需适当调整折扣因子即可。

（2）Frame Skipping 步长

Frame Skipping 作为广义动作空间设计的一部分，能够显著降低 DRL 算法在长跨度、细粒度控制任务上的训练难度。长跨度决定了 Agent 需要看得很远才能做出合理决策，细粒度意味着 Agent 的决策周期很短，以至于一段很长的 Episode 只对应较少的状态变化。这类任务对于 DRL 算法而言，存在典型的探索难度大和贡献度分配难的"戴维斯双杀"效应[33]。而 Frame Skipping 则是回报塑形技术之外，另一种克服该效应的有力武器。

仍以二维平面导航任务为例，假设 Agent 平均需要 1min 才能到达终点。若采用最短决策周期 0.1s，则 Agent 需要向后考虑 1min/0.1s=600 步；若将决策周期延长至 0.5s，且相邻两次决策之间的四帧都重复上一次的动作，则会为 DRL 算法学习带来三重好处。首先，宏动作具有更高的探索效率，类似于按下了快进键；其次，Episode 长度将显著缩短，因为 Agent 平均只需向后考虑 1min/0.5s=120

步；第三，随着决策频率的降低，采集一段 Episode 的平均耗时将减少，从而缩短了绝对训练时间。这个例子也说明，**在强化学习中，"看得远"表面上是指向后考虑的步数多，实质上是指向后考虑的系统动态演化跨度大。**

Frame Skipping 本质上是在训练难度和性能上限之间做取舍，因此并非步长越大越好。在算法收敛的前提下，更高的决策频率本身也会带来性能的提升，最典型的例子是电子游戏领域的"超人类反射效应"[34]。在二维平面导航任务中，决策频率提升意味着更强的机动性，从而在防碰撞方面表现得更好。在实践中，可以先通过随机漫步来确定初始步长，成功收敛后再尝试缩短步长，从而找到性能与训练难度的最佳平衡点。此外，还可以采用**大步长训练+小步长部署**的方案，该方案在实际应用中取得了不错的效果。当然，也可以由 DRL 算法学习自适应步长（见 2.3.2 节）。

2．特色超参数

（1）DQN

DQN 的特色超参数主要包括：Buffer Size（经验回放缓存容量）、起始训练时间、Batch Size（数据批大小）、探索时间占比、最终 ε 和目标网络更新频率等。

Replay Buffer 是用于经验回放的先入先出缓存结构，在提高样本利用率的同时也实现了样本分布的局部相对稳定。Buffer Size 过小会加剧训练波动，并导致稀缺正样本的快速流失，不利于算法收敛。适当增大复杂任务的 Buffer Size 往往会带来性能的提升；反之，Buffer Size 过大同样会产生负面影响。由于 DQN 默认以等概率从 Replay Buffer 中抽取样本用于梯度计算，如果过时样本在 Replay Buffer 中存留太久，就会阻碍算法的进一步优化；在多智能体强化学习中，环境不稳定会显著加速样本的失效，因此应当缩小 Buffer Size 以保证较快的样本更新速率[1]。总之，设置 Buffer Size 需要兼顾样本分布的稳定性和更新速率，当然也

---

1 另一种可行方案是增加并行采样的环境数量，见 5.2.1 节。

要考虑内存开销。

起始训练时间设置是为了保证训练初期 Replay Buffer 中有足够的数据供二次采样，因此与 Batch Size 有直接关系。而 Batch Size 指的是从 Replay Buffer 中二次采样并用于梯度计算的同一批样本的数量，和视觉任务中的设定原则基本一致，即兼顾训练稳定性、训练速度和可用运算资源。

探索时间占比和最终 ε 共同决定了 DQN 探索和利用的平衡过程。ε-greedy 探索策略在训练开始时以概率 $\varepsilon = 1.0$ 随机选择动作，此时探索力度最大。随着训练的进行，ε 逐渐线性下降直至等于最终 ε，随后保持恒定。在这个过程中 DQN 训练逐渐从"强探索弱利用"过渡到"弱探索强利用"。因此，最终 ε 的取值在区间 [0,1] 内靠近 0 的一端。探索时间占比指的是 ε 从 1.0 下降到最终 ε 的时间占总训练时间的比例，在区间 (0,1) 内取值。一般来说，复杂任务的探索时间占比应设得大一些以保证充分的探索；最终 ε 不宜过大，否则会影响模型的最终性能。

如 5.2.1 节所述，DQN 引入了一个延迟更新的目标值网络 Q_{θ^-} 来稳定目标 Q 值的计算，从而避免主网络 Q_θ 更新时的误差"自激效应"，并借此提高训练稳定性。目标网络更新频率就是用来控制这个延迟程度的，时间到了就把整个 Q_θ 网络的参数 θ 复制给 θ^-。一般需要参考主网络 Q_θ 的更新频率来设定目标值网络 Q_{θ^-} 的更新频率，比如 Q_θ 每 1 步更新一次，Q_{θ^-} 可以设定为每 500 步更新一次。

（2）DDPG

DDPG 的特色超参数主要包括：Buffer Size、起始训练时间、Batch Size、目标网络软更新参数 τ 和探索噪声强度等。DDPG 与 DQN 同为 Off-Policy 算法并使用了经验回放，因此与 Replay Buffer 相关的超参数设置原则均与 DQN 类似。

DDPG 也使用了目标值网络 Q_{θ^-} 和目标策略网络 π_{ϕ^-} 来稳定训练，但与 DQN 不同的是，DDPG 的目标网络与主网络的更新频率相同，其训练稳定效果则来自网络参数的软更新（Soft Update）方式，即 $\theta^- \leftarrow \tau\theta + (1-\tau)\theta^-$ 和 $\phi^- \leftarrow \tau\phi + (1-\tau)\phi^-$，软更新参数 τ（又称为温度）通常取很小的正数（如 0.005）以限制目

标网络每次的更新幅度。

由于采用确定性策略，DDPG 的探索依靠在输出动作上叠加噪声来实现。可选噪声类型包括：高斯噪声、DDPG 原论文推荐的奥恩斯坦–乌伦贝克噪声（Ornstein-Uhlenbeck Noise，OU 噪声），以及后来提出的参数噪声（Parameter Noise）[35]。其中，OU 噪声在高斯噪声的基础上增加了噪声强度逐渐衰减的功能，参数噪声在策略输出层之前的若干层上直接施加网络参数扰动。这些噪声的主要参数是噪声标准差，探索强度与其成正比。笔者在实践中发现 OU 噪声未必比高斯噪声效果好，参数噪声在不同任务中也没有表现出一致性优势，因此需要根据实验对比确定噪声类型。

除了调节超参数，使用 DDPG 时须注意将连续动作空间的每一维按照各自取值范围的上下边界与标准区间$[-1,1]$建立一一映射关系，策略网络输出层采用 Tanh 作为激活函数，并将添加探索噪声后超出$[-1,1]$的部分进行截断，然后再参与目标Q值的计算或在逆向变换后交由 Agent 执行，这样做可以避免Q网络输入幅值过大的动作，从而保证训练过程中的数值稳定性，降低过拟合风险。

（3）A2C/A3C

作为 On-Policy 算法，A2C/A3C 无论在原理还是超参数设置方面均与 DQN 和 DDPG 有很大不同。A2C/A3C 的特色超参数主要包括：采样环境数量、Episode 最大长度、策略熵损失（Entropy Loss）系数和值网络损失（Value Loss）系数等。本书 5.2.3 节中已经介绍过 A2C 与 A3C 的关系，下文将主要以 A2C 作为说明对象。

A2C 通过多核并行采样获取对期望累计回报的无偏估计，同时大幅提升了探索效率，从而使算法的绝对训练时间得以显著缩短。因此，并行采样的环境数量越多，A2C 的优势就越明显，该参数的设置主要取决于可用的硬件资源，如 CPU 核的数量和内存等。

A2C 基于 Episode 进行学习，通常以 MDP 中断点作为 Episode 的结束标志，

常见的中断点类型包括：主线事件达成（抵达终点、游戏通关）和不可逆负面事件（丢掉一条命、输掉比赛）等。为了避免因 Episode 过长导致学习困难或超出内存承受能力，A2C 还设置了 Episode 最大长度，一旦达到就提前终止探索。对 Episode 最大长度的设定应参考训练初期的内存占用情况，以及随机漫步的观测结果，最好能保证一定比例的以主线事件结尾的自然中断 Episode。若无法在内存开销和算法收敛难度之间找到平衡，则推荐尝试 Frame Skipping 缩短 Episode或者使用塑形回报。

A2C 算法的损失由三部分组成，即策略损失（Policy Loss）、值网络损失和策略熵损失，如式（6-5）所示。其中，策略损失系数 α 默认取值 1.0，β 负责调节值网络损失相对于策略损失的权重，通常取值 0.5，在实践中不太需要修改。

$$L^{\text{A2C}} = E\big[\alpha L_{\text{policy}} + \beta L_{\text{value}} + \omega L_{\text{entropy}}\big] \qquad (6\text{-}5)$$

策略熵损失系数 ω 负责调节针对策略熵的正则化力度，这是一个非常重要的超参数，对算法收敛速度和最终性能有至关重要的影响。本书在 5.2.3 节中介绍 A2C 的探索–利用平衡时提到策略网络输出分布的熵值会随着训练的进行逐渐减小。为了避免算法过早丧失探索能力而陷入局部最优，A2C 通过策略熵损失强迫策略输出不那么尖锐的动作分布，从而实现加强探索的效果。合理的 ω 取值既能在训练早期保证 Agent 充分探索环境，又可以使算法在训练中后期利用学到的技能在解空间中"解锁"更高性能的区域，两者之间是对立统一的关系。

对于一个新任务，通常需要若干次试错才能找到最优 ω 值。如果策略熵长时间未下降或者下降缓慢［如图 6-8(a)所示］，则说明探索强度过大，导致有用技能被随机性淹没，从而阻碍了策略的进一步优化，此时应适当减小 ω；反之，若训练初期策略熵就下降至很低的水平［如图 6-8(b)所示］，则说明算法陷入了局部最优，此时应该增大 ω。训练收敛后的策略熵应该稳定在较低水平，如果仍然较高，则可能意味着探索力度过大阻碍了利用，此时应尝试降低 ω 并观察策略熵是否进一步下降，以及策略性能是否随之继续提升。当然，策略熵很少降为 0，除非任务极其简单，否则更可能是算法陷入局部最优的标志。

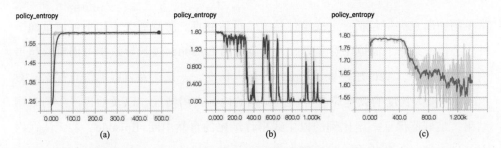

图 6-8　A2C/A3C 或 PPO 算法训练过程中策略熵的不同变化曲线

对于使用策略熵损失的 A2C/A3C 和 PPO 算法，当前策略熵的变化是非常重要的训练状态监控指标。图(a)中策略熵完全不下降，说明策略没有学到任何有用的技能；图(b)中策略熵一度降为 0，说明策略陷入了局部最优并过早停止了探索；图(c)中策略熵平稳下降，说明算法正常收敛。（引自参考文献[36]）

对于连续控制任务，考虑到原始动作空间各维度的取值范围可能存在巨大差异，建议仿照 DDPG 将其统一映射至[−1,1]区间内，并与标准差张量（Tensor）的初始化值相配合以保证训练初期的充分探索，采样动作超出[−1,1]的部分同样需要截断。虽然在理论层面没有必要这样做，但在深度学习实践中，当神经网络的输出以 0 为中心且幅值可控时通常更容易训练，甚至可能在收敛速度和最终性能上占优，笔者在训练 DRL 和 GAN 时都观察到了类似的现象[1]。

（4）TD3

如 5.3.1 节所述，TD3 是在 DDPG 基础上的改进算法，因此沿用了 DDPG 的主要超参数及其调参方法，如 Buffer Size、Batch Size、目标网络软更新参数τ和探索噪声强度等。同时，由于其改进措施又引入了新的超参数，主要包括：平滑噪声标准差σ及其幅值上限c，以及更新延迟d。总体而言，TD3 的训练稳定性和最终性能都显著优于 DDPG。

除了抑制 Overestimation 问题的孪生Q网络，TD3 还使用了目标策略平滑来

---

1 事实上，GAN 与采用 Actor-Critic 结构的 DRL 算法在原理上存在相通之处，感兴趣的读者可以进一步阅读参考文献[37]。

降低目标Q值计算中的 Variance。具体地，在状态s'下目标策略输出动作的基础上添加了一个随机高斯噪声$\epsilon\sim\text{clip}(\mathcal{N}(0,\sigma),-c,c)$，其中$\sigma$为噪声标准差，$c$负责控制噪声幅度的上限，避免噪声化后的动作与策略输出偏离太多，从而确保该优化措施"近似动作应有近似值估计"的前提条件。σ和c一般分别设为 0.2 和 0.5。

此外，TD3 还使用了更新延迟来提高训练稳定性，即每次更新主策略网络π_ϕ、目标策略网络π_{ϕ^-}和目标Q网络$Q_{\theta_i^-}$之前，先完成d次主Q网络Q_{θ_i}的更新（i为孪生网络编号），使主Q网络在经过充分学习并降低 Variance 后再指导策略网络的更新，一般情况下d在 2 到 4 之间取值。

（5）SAC

SAC 同样以 DDPG 作为改良出发点，但在基本原理层面使用了随机策略并引入最大策略熵学习目标，从而相对于 DDPG 有了许多重要区别。尽管如此，SAC 依然继承了 DDPG 的一些重要超参数，如 Buffer Size、Batch Size 和目标网络软更新参数τ等。SAC 引入了一个新的重要超参数，即控制最大熵目标分量与回报值相对权重的系数α，后者起作用的方式与 PPO 中的策略熵损失系数类似，α越大策略随机性越高，探索力度越强，反之则越接近确定性策略。不同任务存在各自的最佳探索–利用平衡点和对应的最优α，图 6-9 展示了 MuJoCo-Ant v1 任务中不同α下的训练曲线。

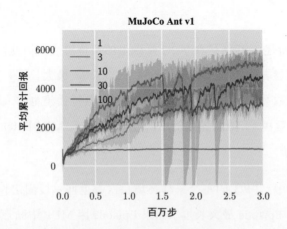

图 6-9   MuJoCo-Ant v1 任务中不同α取值对应的 SAC 训练曲线

当α过小时，因探索力度不足而导致策略陷入局部最优且性能不佳；当α过大时，因探索力度过大而导致利用不足，策略性能同样不够理想；当$\alpha = 10$时能够取得探索和利用的最佳平衡。（引自参考文献[7]）

为了降低α的调参难度，成熟版 SAC[2]将原来的学习目标重新诠释为在策略熵约束 $E_{s_t,a_t\sim\rho^\pi}[-\log\pi_t(a_t|s_t)]\geqslant\bar{H}$ 下，求解传统强化学习目标 $\max_\pi E_{s_t,a_t\sim\rho^\pi}[\sum_{t=0}^T r(s_t,a_t)]$，并利用其对偶问题推导出$\alpha$的梯度更新公式［见式（5-18）和式（5-19）］，从而在训练过程中实现α的自适应调节，同时将原来对α的静态取值转化为设置特定任务的目标策略熵$\bar{H}$。

根据最大策略熵目标，理论上$\bar{H}$应设为可能的最大熵值。对于连续动作空间，$\bar{H} = -\dim(A)$，即动作空间维度的负数，乍一看似乎令人费解，其实$\bar{H}$是针对 Tanh 函数激活之后的"挤压"高斯分布（见 5.3.2 节）的目标熵，实际计算结果的确是负值；对于离散动作空间则更为直观，即$\bar{H} = -\log(1/\dim(A))$。在实践中，在成熟版 SAC 训练过程中，平均策略熵大部分时间都稳定在预设的$\bar{H}$附近，而采用理论最大熵训练得到的策略可能由于随机性过高而导致性能不够理想，通常在理论最大熵前乘以一个系数λ（$\lambda \in (0,1)$），从而找到最佳的探索-利用平衡，甚至还可以对λ做线性退火。调整λ和α在效果上没有实质区别，至于是否采用α自动调节机制就见仁见智了。

（6）PPO

如 5.3.3 节所述，PPO 是在 A2C 基础上的改进算法，因此沿用了 A2C 的主要超参数及其调参方法，如采样环境数量、Episode 最大长度、策略熵损失系数和值网络损失系数等。此外，PPO 针对 A2C 的改进措施也引入了新的超参数，主要包括：截断范围ϵ、同批数据使用次数（Epoch）、Mini-Batch Size（迷你批大小）和 GAE 因子。

在训练过程中，PPO 的每个采样环境每次都返回一段固定长度的 Episode，一般等于所设的 Episode 最大长度。如果 Episode 因 MDP 中断点提前结束，则其与接下来的 Episode（片段）拼接至预设的固定长度。所有环境返回的 Episode

共同组成一批（Batch）样本，再等分为 Mini-Batch 用于计算更新梯度，每批样本的使用次数等于预设的 Epoch。一般而言，Episode 最大（固定）长度设为 2 的整数次幂，以便于进一步划分 Mini-Batch。与深度学习类似，较大的 Mini-Batch Size 会导致学习速度的下降，但同时也会提升训练稳定性，请根据需要灵活选择。

为了防止在重复利用同批样本的过程中积累大量误差，PPO 截断（Clip）了使当前策略输出变化过大的部分样本的梯度（见 5.3.3 节）。相关的超参数截断范围 ϵ（$\epsilon \in (0,1)$）通常取略大于 0 的正数，对于相同的输入状态，每次参数更新带来的策略输出变化的比值都被控制在 $1-\epsilon$ 和 $1+\epsilon$ 之间。ϵ 越小训练越稳定，越大则越节省样本。一般在训练早期数据分布波动较大时取较小的值，比如 $\epsilon = 0.2$，以保证训练平稳进行；在训练后期可以适当放大，因为此时策略已经足够优秀，在所采集的数据中正样本比例非常高，可以放心利用。

GAE（Generalized Advantage Estimation，通用优势估计）[38]是由 PPO 的第一作者 John Schulman 提出，用于在 On-Policy 算法中估计动作优势（Advantage）的方法。GAE 因子通常用 λ（$\lambda \in [0,1]$）表示，其作用是平衡动作优势与梯度估计中的 Bias 和 Variance，当 $\lambda = 1$ 时不引入 Bias，同时 Variance 达到最大，而适当降低 λ 可以降低 Variance，代价是引入少量 Bias。λ 一般默认取值 0.95，但应该根据特定任务合理调节。

6.3.3 监控训练状态

如 6.3.2 节所述，DRL 算法训练是一个动态调整的过程，而调整依据则来自对算法原理的掌握、对任务逻辑的理解，以及对训练过程中各种量化指标的观察。建议使用 TensorBoard 或其他可视化工具，将训练过程中所有相关指标的变化曲线都实时打印出来。可视化信息越丰富，就越容易客观评估当前的训练状态，并确定超参数的调节方向。在实践中，最常采用的量化指标主要包括：

Episode 平均长度：在训练起始阶段，主线事件发生概率很低，大部分 Episode 持续时间很长，甚至需要被提前中断，此时 Episode 的平均长度处于峰值；随着

训练的进行，Agent 逐渐掌握目标技能，主线事件发生概率越来越高，探索到主线事件的耗时不断缩短，Episode 平均长度也随之持续下降，直到抵达某个水平并稳定下来。因此，Episode 平均长度是用于识别 DRL 算法收敛迹象的重要参考指标。

内存和显存占用：内存和显存占用对 Buffer Size、最大 Episode 长度和 Batch Size 等超参数的设定具有重要指导意义，毕竟在训练过程中计算资源消耗在任何时候都不能超过硬件承载上限。某些特定算法，如 GA3C[39]，其内存消耗会随着 Episode 平均长度的缩短而逐渐下降，从而间接反映出当前的训练状态。在 Linux 系统中，可以在终端输入指令 htop、watch -n 0.5 nvidia-smi 来分别监控内存和显存的动态占用情况。

折扣累计回报：在训练过程中，基于最近采集 Episode 统计的折扣累计回报（Return）的均值、方差、最大值和最小值等信息，是判断 DRL 算法是否收敛的主要依据，也是学术研究中评估算法性能和训练稳定性的关键指标。需要注意的是，针对回报函数的迭代优化和回报缩放等操作会对 Return 造成显著影响。因此，在落地工作中 Return 并不是一个理想的性能衡量指标，尤其不适合用来评估回报函数设计的优劣，因为这属于既当裁判员又当运动员，类似于算法工程师自身的 Wireheading 问题（见 2.2.1 节）。

独立性能指标：在实际项目中，最好设计一套独立于回报函数、能够反映特定任务中待优化对象当前状态的指标，从而作为衡量算法实际性能的客观准绳。例如，我们只关心四足爬行机器人前进速度的最大化，为了保持机身平衡又不得不设计一些辅助回报，但评估算法性能时仍然只用前进速度，因为高 Return 未必对应高速度；在多智能体强化学习任务中，每个 Agent 都根据各自收到的回报独立学习，但优化对象却是某种整体目标，比如图 6-10(a)所示的协作追捕任务中单位时间内捕获的猎物数量、图 6-10(b)所示的团队对抗任务中歼灭敌军的平均耗时等，这是任何个体 Return 都无法代替的，因为个体利益往往与整体利益存在冲突。

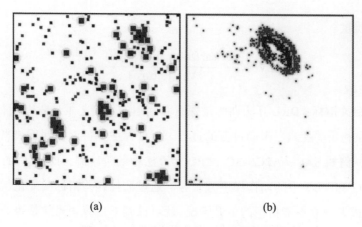

(a)　　　　　　　　　　　(b)

图 6-10　两种多智能体强化学习任务示例

图(a)中展示了协作追捕任务，红色和蓝色方块分别代表猎手和猎物，猎手需要相互合作完成对猎物的围堵，任务目标是在最短时间内捕获所有猎物；图(b)中展示了团队对抗任务，红色和蓝色方块分别代表两个战队，同队成员需要相互合作以杀死敌军成员，任务目标是在最短时间内歼灭对方全部成员。（引自参考文献[40]）

子目标损失：DRL 算法在学习过程中会产生一系列相关损失，例如 A2C 中的值网络损失、策略损失和策略熵损失等。如果使用了回报预测和值回放等辅助任务（见 7.3.2 节），也会有相应的损失。通过观察这些损失的变化曲线，可以判断当前算法的学习情况。仍以 A2C 为例，根据值网络损失的大小和波动情况，也可以判断出算法是否开始收敛以及收敛质量如何，并且值网络损失在收敛后的水平通常与策略性能呈反向相关。

值网络学习质量：观察 Q 网络或 V 网络预测值的均值和方差，并与实际 Return 进行比较，进而评估值网络的学习质量，值网络越精确越有利于策略网络的学习。此外，须注意回报缩放操作对 Return 和值网络预测值的影响。对于 A2C/A3C 和 PPO 等基于 Episode 学习的 On-Policy 算法，还可以使用解释方差（Explained Variance，EV）来衡量值网络预测值与实际 Return 的协同变化程度。如式（6-6）所示，Var(·)表示求方差操作，Value 代表值网络预测值。EV 的取值范围是$(-\infty, 1]$，该值越大说明值网络拟合得越好。EV 值配合值网络损失可以更全面地反映值网

络的学习质量。

$$EV = 1 - \frac{Var(Return - Value)}{Var(Return)} \qquad (6\text{-}6)$$

探索相关指标：DRL 算法训练是探索和利用的平衡艺术，是从"强探索弱利用"到"强利用弱探索"平稳过渡的过程。每种算法都可以找到反映当前探索强度的指标，例如 SAC、A2C/A3C、PPO 等算法中的策略熵，DQN 中的当前 ε 值，以及 DDPG 和 TD3 中的动作噪声方差等。通过监控这些指标的变化，再结合平均 Return 或者独立性能指标的上升情况，就可以判断出算法当前是否处于合理的探索–利用平衡。通过策略熵还可以了解算法的收敛情况以及是否陷入局部最优。

其他指标：不同 DRL 算法各自还有一些独特的指标可供观察，例如 PPO 中衡量更新前后新旧策略差异的 KL 散度（KL Divergence）、成熟版 SAC[2] 中自适应调节的策略熵系数 α 等。此外，通过统计状态信息和输出动作的分布，再结合特定任务的领域知识，同样可以发现一些有用的线索，从而推断出当前算法的训练进度，以及是否陷入局部最优或者发生异常。例如，在二维平面导航任务中，Agent 在抵达终点过程中的平均转弯次数就反映了当前策略的路径规划能力。

除在训练过程中观察上述指标外，还可以将模型参数的中间结果（Checkpoint）拿到环境中进行测试，通过在可视化窗口中直接观察 Agent 的行为，往往可以获得一些关于当前训练状况、算法设计和任务逻辑方面的洞见，从而为后续设计针对算法和训练方式的改进措施提供重要参考。

6.4 给初学者的建议

关于 DRL 算法的调试工作，笔者结合自身的经历和在指导新人过程中收获的经验教训，总结了几点建议供读者尤其是初学者参考。

靠热门平台上手：类似于 OpenAI Gym 这样的热门平台上集成了大量经典的强化学习任务和主流 DRL 算法实现，而且维护频繁、关注度高，遇到问题时容

易找到解决方案，因此是熟悉算法实现细节、掌握训练流程和调参技巧的理想切入点。

用成熟代码调试：考虑到 DRL 算法超参数众多、训练稳定性较差的特点，对于大多数读者，笔者不建议在项目初期就使用自行实现的 DRL 算法，以免调试工作受到代码 Bug 的干扰；同时也不建议直接套用 Gym Baselines 等热门平台上的代码，这些平台为了追求高复用性，往往将代码结构设计得十分臃肿，对任何一种特定的 DRL 算法而言，它们都不是最佳实现方式。在实践中，一种较为稳妥的办法是在 GitHub 上搜索目标算法的高星标开源项目，从而兼顾效率和可靠性。笔者并非鼓励"白嫖"，只是这样做确实可以在项目初期少走很多弯路。

不要迷信默认超参数：在实际应用中，可以先尝试采用参考代码中的默认超参数进行训练，但不能指望它们在所有任务上都能成功收敛，即使收敛也不代表其达到了最优性能。因此，必须根据对训练过程中各项指标的观察，分析当前问题或瓶颈所在，并有针对性地调整相关超参数。

重视首次成功经验：对于一个全新任务，最重要的是尽快促成算法收敛，哪怕只是局部的、低质量的收敛。一旦有了成功收敛的经验，就可以在此基础上不断优化直至获得满意的性能。如果算法经过反复调参仍然无法收敛，**在排除代码 Bug 的前提下**，应该尝试先简化任务，例如降低主线事件的实现要求和探索难度，从而人为地提升主线事件的发生概率，待算法成功收敛并积累一定的经验后再逐步恢复原来的任务设定。

保持耐心别上头：很多时候 DRL 算法的训练是很慢的，这种慢不同于在 ImageNet 上训练分类网络，后者至少在训练开始后不久就能看到收敛迹象，如损失下降、测试准确率上升等，而 DRL 算法的 Return 曲线甚至可能几个小时都在低位徘徊，直到某个节点突然上扬。即使整体耗时接近，这两种训练过程带来的心里体验也是完全不同的。除非已经对特定任务的训练过程较为熟悉或者十分肯定代码中存在 Bug，否则不要轻易断定算法不收敛。在等待的过程中，很多人喜欢一直盯着屏幕并不停地刷新 TensorBoard 页面，这远远超出了监控训练所需的

正常频率，建议读者避免以这种方式浪费时间。

做好备份：在性能调优的过程中，需要反复针对状态空间、动作空间、回报函数以及各种超参数做出调整并重新训练。为了客观评估每次调整的实际效果，便于同调整前的算法性能进行公平比较，除了存储模型参数的 Checkpoint 文件，还需要保存详细的实验配置和对应的 TensorBoard 日志文件，建议将它们放入同一个文件夹中并在命名时写清楚具体做了哪些调整，必要时增加一个 Readme 文件详细记录相关信息。

6.5　本章小结

本章系统地介绍了 DRL 算法的训练技巧和注意事项。其中 6.1 节指出了反复动手实践对于 DRL 算法理解、学术研究和项目落地的重要意义；6.2 节介绍了四种训练前的准备工作，包括训练方案的制定、网络结构的选择、随机漫步和数据预处理，它们对于 DRL 算法的成功训练和部署具有重要意义；6.3 节解释了 DRL 算法训练中高不确定性的来源，以及面对这种不确定性的正确心态，然后介绍了几种主流 DRL 算法的常用超参数及其调参技巧，并讨论了如何实时监控当前训练状态；6.4 节针对初学者给出了几点关于 DRL 算法调试的建议。

本书第 5 章总结了 DRL 算法的"组件式"发展脉络，事实上，算法训练过程中的调参技巧也可以按照组件化视角来归纳总结，这是因为主要的超参数基本都依附于 DRL 算法的核心组件及其改进措施，而这些改进措施又可以被其他算法复用。总体来看，DRL 算法对超参数的敏感性正在不断下降，而调参工作也随之变得越来越简单，未来还会有更多像 SAC 这样的优秀算法涌现出来，让我们保持期待。

根据笔者的实践经验，DRL 算法的调参工作主要集中于项目前期，在筛选出合适的基线算法并做到稳定收敛后，大多数超参数都不需要再做调整。在接下来相当长的一段时间内，工作重心将转移到针对算法核心组件，以及动作空间、状

态空间和回报函数的增量式改进与比较验证上。相比之下，这些才是提升算法性能的核心动力，而超参数调整不过是锦上添花罢了。在第 7 章中，笔者将介绍几种不同于之前内容的通用方案，用于进一步提升 DRL 算法性能及其训练效率。

参考文献

[1] ISLAM R, HENDERSON P, GOMROKCHI M, et al. Reproducibility of Benchmarked Deep Reinforcement Learning Tasks for Continuous Control[DB]. ArXiv Preprint ArXiv:1708.04133, 2017.

[2] HAARNOJA T, ZHOU A, HARTIKAINEN K, et al. Soft Actor-Critic Algorithms and Applications[DB]. ArXiv Preprint ArXiv:1812.05905, 2018.

[3] KALASHNIKOV D, IRPAN A, PASTOR P, et al. Qt-Opt: Scalable Deep Reinforcement Learning for Vision-Based Robotic Manipulation[DB]. ArXiv Preprint ArXiv:1806.10293, 2018.

[4] GARCIA J, FERNÁNDEZ F. Safe Exploration of State and Action Spaces in Reinforcement Learning[J]. Journal of Artificial Intelligence Research, 2012, 45: 515-564.

[5] LEVINE S, PASTOR P, KRIZHEVSKY A, et al. Learning Hand-Eye Coordination for Robotic Grasping with Deep Learning and Large-Scale Data Collection[J]. The International Journal of Robotics Research, 2018, 37(4-5): 421-436.

[6] TAN J, ZHANG T, COUMANS E, et al. Sim-to-Real: Learning Agile Locomotion for Quadruped Robots[DB]. ArXiv Preprint ArXiv:1804. 10332, 2018.

[7] HAARNOJA T, ZHOU A, ABBEEL P, et al. Soft Actor-Critic: Off-Policy Maximum Entropy Deep Reinforcement Learning with A Stochastic Actor[C]//International Conference on Machine Learning. PMLR, 2018: 1861-1870.

[8] GOODFELLOW I J, POUGET-ABADIE J, MIRZA M, et al. Generative Adversarial Networks[DB]. ArXiv Preprint ArXiv:1406.2661, 2014.

[9] ARJOVSKY M, BOTTOU L. Towards Principled Methods for Training Generative Adversarial Networks[DB]. ArXiv Preprint ArXiv:1701.04862, 2017.

[10] ARJOVSKY M, CHINTALA S, BOTTOU L. Wasserstein Generative Adversarial Networks[C]//International Conference on Machine Learning. PMLR, 2017: 214-223.

[11] PANARETOS V M, ZEMEL Y. Statistical Aspects of Wasserstein Distances[J]. Annual Review of Statistics and Its Application, 2019, 6: 405-431.

[12] ANDRYCHOWICZ M, WOLSKI F, RAY A, et al. Hindsight Experience Replay[DB]. ArXiv Preprint ArXiv:1707.01495, 2017.

[13] VINYALS O, EWALDS T, BARTUNOV S, et al. Starcraft II: A New Challenge for Reinforcement Learning[DB]. ArXiv Preprint ArXiv:1708.04782, 2017.

[14] SILVER D, HUANG A, MADDISON C J, et al. Mastering the Game of Go with Deep Neural Networks and Tree Search[J]. Nature, 2016, 529(7587): 484-489.

[15] LI J, KOYAMADA S, YE Q, et al. Suphx: Mastering Mahjong with Deep

Reinforcement Learning[DB]. ArXiv Preprint ArXiv:2003.13590, 2020.

[16] ORTEGA J, SHAKER N, TOGELIUS J, et al. Imitating Human Playing Styles in Super Mario Bros[J]. Entertainment Computing, 2013, 4(2): 93-104

[17] FRANCOIS-LAVET V,HENDERSON P,ISLAM R,et al.An Introduction to Deep Reinforcement Learning[J].Foundations and Trends in Machine Learning, 2018,11(3-4):219-354.

[18] EVERETT M, CHEN Y F, HOW J P. Motion Planning among Dynamic, Decision-Making Agents with Deep Reinforcement Learning[C]//2018 IEEE/RSJ International Conference on Intelligent Robots and Systems (IROS). IEEE, 2018: 3052-3059.

[19] TANG Y, AGRAWAL S, FAENZA Y. Reinforcement Learning for Integer Programming: Learning to Cut[C]//International Conference on Machine Learning. PMLR, 2020: 9367-9376.

[20] VINYALS O, BABUSCHKIN I, CHUNG J, et al. AlphaStar: Mastering the Real-Time Strategy Game Starcraft II[J]. DeepMind Blog, 2019, 2.

[21] SHEN W, HE X, ZHANG C, et al. Auxiliary-Task Based Deep Reinforcement Learning for Participant Selection Problem in Mobile Crowdsourcing[C]//Proceedings of the 29th ACM International Conference on Information & Knowledge Management. 2020: 1355-1364.

[22] MIRHOSEINI A, GOLDIE A, YAZGAN M, et al. Chip Placement with Deep Reinforcement Learning[DB]. ArXiv Preprint ArXiv:2004.10746, 2020.

[23] JADERBERG M, MNIH V, CZARNECKI W M, et al. Reinforcement

Learning with Unsupervised Auxiliary Tasks[DB]. ArXiv Preprint ArXiv:1611.05397, 2016.

[24] LILLICRAP T P, HUNT J J, PRITZEL A, et al. Continuous Control with Deep Reinforcement Learning[DB]. ArXiv Preprint ArXiv:1509.02971, 2015.

[25] BHATT A, ARGUS M, AMIRANASHVILI A, et al. CrossNorm: Normalization for Off-Policy TD Reinforcement Learning[DB]. ArXiv Preprint ArXiv:1902.05605, 2019.

[26] DUAN Y, CHEN X, HOUTHOOFT R, et al. Benchmarking Deep Reinforcement Learning for Continuous Control[C]//International Conference on Machine Learning. PMLR, 2016: 1329-1338.

[27] MNIH V, KAVUKCUOGLU K, SILVER D, et al. Human-Level Control through Deep Reinforcement Learning[J]. Nature, 2015, 518(7540): 529-533.

[28] IRPAN A. Deep Reinforcement Learning Doesn't Work Yet[R].Internet Blog,2018.

[29] MNIH V, BADIA A P, MIRZA M, et al. Asynchronous Methods for Deep Reinforcement Learning[C]//International Conference on Machine Learning. PMLR, 2016: 1928-1937.

[30] Schulman J.The Nuts and Bolts of Deep RL Research[R]. 2016

[31] OpenAI. OpenAI Five[R]. OpenAI Blog, 2018

[32] 塔勒布. 反脆弱: 从不确定性中获益[M]. 雨珂, 译. 2 版. 北京: 中信出版集团股份有限公司, 2020.

[33] 罗斯查得. 戴维斯王朝[M]. 杨天南, 译. 北京: 中国人民大学出版社, 2018.

[34] HAUSKNECHT M, LEHMAN J, MIIKKULAINEN R, et al. A Neuroevolution Approach to General Atari Game Playing[J]. IEEE Transactions on Computational Intelligence and AI in Games, 2014, 6(4): 355-366.

[35] PLAPPERT M, HOUTHOOFT R, DHARIWAL P, et al. Parameter Space Noise for Exploration[DB]. ArXiv Preprint ArXiv:1706.01905, 2017.

[36] RAHTZ M.Lessons Learned Reproducing a Deep Reinforcement Learning Paper[R]. Internet Blog, 2018

[37] PFAU D, VINYALS O. Connecting Generative Adversarial Networks and Actor-Critic Methods[DB]. ArXiv Preprint ArXiv:1610.01945, 2016.

[38] SCHULMAN J, MORITZ P, LEVINE S, et al. High-Dimensional Continuous Control Using Generalized Advantage Estimation[DB]. ArXiv Preprint ArXiv:1506.02438, 2015.

[39] BABAEIZADEH M, FROSIO I, TYREE S, et al. Reinforcement learning through Asynchronous Advantage Actor-Critic on A GPU[DB]. ArXiv Preprint ArXiv:1611.06256, 2016.

[40] ZHENG L, YANG J, CAI H, et al. Magent: A Many-Agent Reinforcement Learning Platform for Artificial Collective Intelligence[C]//Proceedings of the AAAI Conference on Artificial Intelligence. 2018, 32(1).

第 7 章
性能冲刺

7.1 性能冲刺：为 DRL 注入强心剂

本书从第 2 章开始，已经依次讨论了如何从动作空间、状态空间和回报函数的设计，以及算法选择、训练方案制定和超参数调节等角度入手，以尽可能提升 DRL 算法在实际任务中的性能。然而，即使在上述这些方面投入了大量时间和精力，算法难以收敛、训练时间过长、性能无法满足需求的状况也可能依然存在。因此在落地应用中，我们需要为 DRL 算法常备几支"强心剂"，以便在项目遇到瓶颈时，随时向性能高地发起新一轮冲锋。

事实上，的确存在一些独立于具体 DRL 算法的通用技巧，可以进一步降低 DRL 算法的训练难度、改善算法性能，甚至作为 DRL 算法的替代或补充方案。这些技巧突破了狭义的 DRL 算法范畴，转而从更广阔的机器学习理论和实践成果中汲取智慧，与 DRL 算法成功结合并取得良好效果。笔者根据在落地实践中积累的经验，总结出三类这样的技巧：课程学习、额外监督信号和进化策略，接下来的几节中将分别予以介绍。

7.2　课程学习

课程学习（Curriculum Learning）是图灵奖得主 Yoshua Bengio 在 2009 年提出的一种机器学习模型的通用训练方法[1]，其核心思想是将训练样本按照从易到难的顺序提供给模型（Learner），从而获得比随机顺序下更好的性能表现。课程学习不仅代表一类方法，更反映了一种朴素的哲学原理，是对人类和高等哺乳动物循序渐进学习新知识过程的数学描述。一般而言，课程学习的作用可以总结为两点：加速机器学习模型的训练，以及获得更好的泛化能力（即收敛到更好的局部最优解）。在将课程学习应用于 DRL 算法训练时还可以再增加一条，就是使原来难以收敛的算法顺利收敛。

7.2.1　源任务及其分类

课程学习思想体现在强化学习领域，就是根据目标任务定义一系列不同难度的子任务，然后按照从易到难的顺序依次用于 DRL 算法训练，直到策略成功完成目标任务并取得满意的性能。这些子任务不仅可以是针对目标任务本身的简化，也可以是对 DRL 算法相关要素的"简化"，注意后者所谓的简化是指通过改变状态空间、动作空间、回报函数和折扣因子，降低 DRL 算法的收敛难度，而并非字面意义上的精简这些要素的设计。上述子任务通常被称为源任务（Source Task）[2]，如图 7-1 所示，在实践中常用的源任务包括 8 种类型。

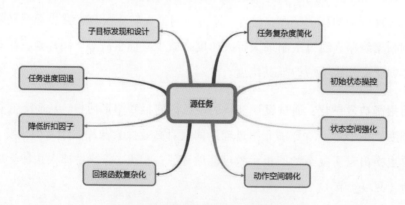

图 7-1　课程学习源任务类型总结

任务复杂度简化：通过修改目标任务的相关配置，使其复杂度和学习难度降低。例如，在图 3-2 所示的二维平面导航任务中，采用缩小地图尺寸、减少障碍物和增加充电桩等措施，都可以增加探索到主线事件的概率，从而使 DRL 算法收敛更加容易。

初始状态操控：通过控制环境初始化时的状态分布，使主线事件被探索到的概率增加。例如，在二维平面导航任务中，每次都将 Agent 放置在终点附近的随机起始位置开始探索。在通常情况下，仿真环境很容易做到这一点，但在真实环境中则需要人工控制或者利用启发式策略自动到达目标附近，然后再开始探索[3,4]。

状态空间强化：通过以类似于"作弊"的方式，使状态信息中包含本不应出现的 Oracle 信息（见 3.4.2 节）。例如，在麻将和扑克游戏中允许 Agent "看到"对手的底牌或者桌上尚未派发的墙牌[5]；在《星际争霸》中允许 Agent 打开上帝视角随时观察到全局地图信息和对手的情报[6]。需要注意的是，状态空间强化不能破坏状态空间的形式统一（见 3.4.3 节），否则将改变算法的网络结构，从而使课程学习失去意义。

动作空间弱化：通过暂时屏蔽某些可选的动作，从而减少 Agent 在探索过程中发生错误的概率，并提升总体探索效率。例如，在二维平面导航任务中，通过增大 Frame Skipping 的步长降低决策频率，使每条运动指令被多次执行，从而延长 Agent 每一步的移动距离；另外，通过限制最大转弯次数来减少无意义的原地打转和频繁绕路；通过限制最大行驶速度来减少碰撞事故等。同样地，针对动作空间的弱化操作也不应改变其维度。

回报函数复杂化：通过设计复杂的子目标回报和塑形回报，从而降低算法的训练难度。本书第 4 章详细介绍过辅助回报对高效探索和算法学习的重要意义，但同时也指出过于复杂的回报函数可能偏离任务初衷，并容易掉入几种常见的设计陷阱（见 4.4 节）。

降低折扣因子：通过适当降低折扣因子使 Agent 更关注眼前利益，从而降低

DRL 算法的收敛难度。折扣因子越高，Agent 做决策时需要向后考虑的步数越多，针对之前所选动作的贡献度分配也越困难，算法也就越难以收敛。如果回报函数中的负向惩罚过多、过大，高折扣因子还可能导致"懦弱"行为（见 4.4.3 节）。

任务进度回退：通过将环境倒退回高奖励/高惩罚状态，或者这些状态发生前的某个时刻，并使 Agent 以此为起点重复探索，通过刻意训练使 DRL 算法高效地学会趋利避害。显然，只有仿真环境才能做到这一点。

子目标发现和设计：通过自动统计或手工设计的方式，定义若干在训练过程中出现过的高潜力中间状态或者重要的中间任务节点，并将它们作为子目标加以学习。例如接近或容易导致主线事件的状态、具有较高值估计的状态、从来没有出现过的新状态等，将这些状态作为子目标的具体方式是为其设置专门的子目标达成奖励。若采用手工设计，则应尽可能将多个子目标串联起来，并使其最终指向原始任务目标。

对于 DRL 算法而言，在设计源任务时应该维持其网络结构的恒定，从而使策略网络和值网络能够在不同源任务与目标任务之间进行直接迁移，否则将不得不在任务切换之际先增加一个知识蒸馏（Knowledge Distillation）环节，把旧网络学习到的知识迁移到新网络中。这就要求状态空间和动作空间的维度以及其中每一个元素的含义在不同任务中保持不变，尤其在设计状态空间强化和动作空间弱化类型的源任务时须引起特别注意，3.4.3 节中介绍的"留空式"设计理念可以较好地应对以上情形。

7.2.2　应用方式

从本质上分析，DRL 算法的整个课程学习周期相当于人为地对算法的探索-利用平衡施加了精细干预。每一次源任务切换都将 Agent 之前习得的基础技能迁移到新任务中，而通过利用这些基础技能，Agent 得以在新的源任务中高效地探索到相应的主线事件，同时"解锁"更高阶的技能，为下一个源任务乃至目标任务打好基础。目前主流 DRL 算法所采用的随机探索方式在面对复杂任务时往往

捉襟见肘，作为一种有效的解决方案，课程学习也因此成为实践中的常备选项之一。根据源任务切换方式的不同，课程学习的具体应用方式分为三种类型，即分段切换式、连续过渡式和自动化方式。

1. 分段切换式

在 DRL 算法实践中，最常见的课程学习应用方式是预先设计好若干种源任务，并按照从易到难的顺序分阶段进行训练，DRL 算法在前一个源任务中收敛后，直接切换至后一个源任务中继续训练，直到其在最后的目标任务上顺利收敛。例如，在图 7-2(a)所示的多智能体防碰撞&导航任务中，将 DRL 算法的训练划分为两个阶段，其中第一阶段首先使用 20 个 Agent 在④号无障碍地图中训练至收敛，使 Agent 学会在简单地形中安全、高效地抵达各自终点；第二阶段再将模型放入①～③号三个地形更复杂且有 58 个 Agent 的地图中继续训练。本例中第一阶段的源任务属于对目标任务复杂度的简化。

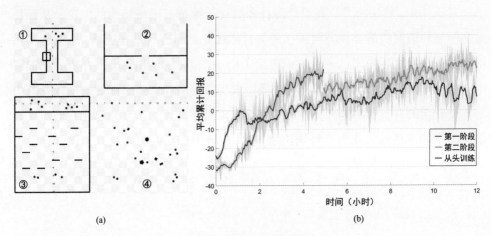

图 7-2   课程学习示例 1

在相同训练量下，采用两阶段课程学习的训练方案相比基线方案获得了更高的性能。（引自参考文献[7]）

在图 7-3(a)所示的 2 对 3 半场进攻演练中，首先设计三种源任务：一是射门任务——操控 Agent 的初始状态为禁区内部+对方弱防守站位，从而增加其射门

命中率；二是盘带任务——不允许从禁区外射门，从而鼓励 Agent 将足球从禁区外盘带至高命中率区域后再射门；三是简化进攻任务——暂时去掉防守方的一个后卫，从而将 2 对 3 进攻简化为 2 对 2 进攻。强化学习算法在这些源任务上依次训练至收敛后，再回到目标任务中继续训练。图 7-3(b)中的实验结果显示，采用课程学习的训练方案相比基线方案具有更快的收敛速度和更高的策略性能，同样证明了课程学习的有效性[2]。

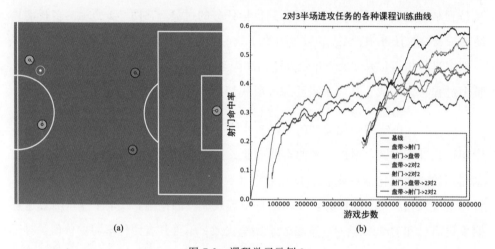

图 7-3　课程学习示例 2

　　图(a)为 2 对 3 半场进攻演练示意图，图中黄色圆圈代表进攻 Agent，蓝色和粉色圆圈分别代表 2 个后卫和 1 个守门员，白色空心圆圈代表足球；图(b)展示了不同源任务及其组合顺序下 Sarsa[8]算法在目标任务上的性能对比，其中源任务训练耗时被反映到了各曲线在横轴起始位置的差异上。(引自参考资料[2])

　　分段式课程学习在切换源任务前后，由于任务目标、回报函数、状态分布和动作空间等要素的显著改变，容易使 DRL 算法的值估计网络产生较大误差并传导给策略网络，为了缓解这一问题带来的训练不稳定性，往往需要随着任务切换适当降低学习率[5,7]。此外，为了充分利用之前策略网络学习到的知识，可以先冻结策略网络的参数，并单独更新值网络至其 Loss（损失）趋于稳定，然后再恢复正常的 DRL 算法训练方式。事实上，这一技巧同样适用于在仿真环境下训练得到的策略在部署环境中调整（Finetune）、临时修改回报函数，以及 7.3.1 节中

将要介绍的针对策略网络的有监督预训练等场景。

2. 连续过渡式

除了分段式源任务切换，还可以采用另一种更加平稳的方式从源任务逐渐过渡到目标任务。7.2.1 节中列出的各类源任务通常都具有一些可配置参数，使得目标任务对应于这些参数撑起的**源任务空间**中的某个特殊点，从而可以找到一条从易到难的连续路径实现从源任务到目标任务的过渡。在图 7-2 所示的多智能体防碰撞&导航任务中，Agent 数量就属于这一类参数（假设地图保持不变），在算法训练过程中可以从 20 个开始以适当间隔逐渐增加 Agent 直到目标数量为止，整个过程一气呵成，从而不需要像分段式切换那样中断训练。

此外，状态空间强化类型的源任务作为一种特殊的源任务，并不适合采用分段切换式训练方案。根据笔者的实践经验，当状态空间中同时包含冗余的原始信息和高效的抽象化信息或 Oracle 信息时（见 3.4 节），DRL 算法总是倾向于与后者建立决策相关性，而放弃对原始信息中等效成分的挖掘，以至于一旦屏蔽这些抽象化信息和 Oracle 信息，策略近乎完全失效，不再具有课程学习的价值。对于这类源任务，可以对"本不该出现"的状态信息施加强度递增的 Dropout 操作直到它们被彻底屏蔽，从而完成从源任务到目标任务的连续过渡。

例如，在图 7-4 所示的日本麻将游戏中，为了提升 DRL 算法的收敛速度和策略性能，首先允许 Agent "看到"三个对手的私牌以及桌上尚未派发的墙牌等 Oracle 信息，待 DRL 算法收敛后再对这些 Oracle 信息进行 Dropout。具体做法是将 Oracle 信息中的每个元素以概率p（$p \in [0,1]$）维持原样，以$1-p$的概率将其置零，随着训练的进行，p从 1 开始逐渐线性衰减为 0，相应地，Oracle 策略也逐渐恢复为正常策略。以上过程被麻将 AI 系统 Suphx[5]的原作者称为 Oracle Guiding（先知引导）。

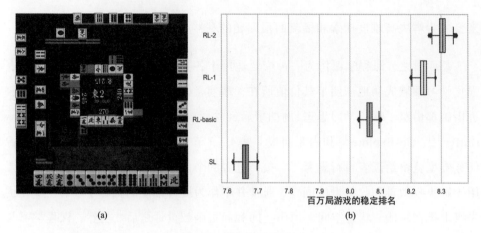

(a)　　　　　　　　　　　　　(b)

图 7-4　课程学习示例 3

　　图(a)通过允许 Agent 以一定概率"看到"（绿框内）对手的私牌和桌上尚未派发的墙牌，降低了 DRL 算法的训练难度；图(b)展示了四种不同训练方案下的策略性能：SL 表示行为克隆预训练（见 7.3.1 节）；RL-basic 表示在 SL 基础上继续使用 DRL 算法进行训练，并将每轮得分作为回报；RL-1 表示在 RL-basic 基础上改用基于全局回报预测网络的回报函数（见 4.6.2 节）；RL-2 表示在 RL-1 基础上增加 Oracle Guiding 的课程学习方案。对比 RL-2 和 RL-1 的性能，可以看到课程学习带来了排名的显著上升。（引自参考文献[5]）

3．自动化方式

　　从图 7-3 中还可以观察到另一个重要现象，即不同的源任务应用顺序之间同样存在显著的性能差异。事实上，即使对于预设的参数化源任务空间，也依然面临上述问题。如何在这种情况下选择最优的源任务应用顺序同样是学术界关注的热点。例如，一种比较有代表性的思路是利用生成式对抗网络（GAN），针对当前策略的学习情况自适应地生成难度适中的子目标[9]，从而使算法始终保持高效的学习，既不会因为任务太简单而没有收获，也不会因为任务太难而无法收敛。这相当于用自动化的方式不断生成"子目标发现和设计"类型的源任务。

　　当然，任何一种学术界的新方法在实际项目中都面临适用性、有效性和实用性的三重检验，自动化源任务生成方案虽然目前尚未得到广泛应用，但相信在未

来会成为解决高难度探索和稀疏回报问题的利器。

总而言之，课程学习作为一种广泛适用于各类机器学习算法的通用思想，在强化学习领域成功地证明了其价值所在。事实上，很多关于 DRL 算法的经典改进措施都借鉴了课程学习思想，例如事后经验回放[10]、自模仿学习[11]、双桶 Replay Buffer[12]、Go-Explore[13]和内驱回报（见 4.3.3 节）等，至于它们具体对应哪种源任务类型就留给读者自行思考了。按照笔者的个人经验，课程学习在实践中主要用于解决收敛难和收敛慢的问题，通常并不作为提升性能的核心手段，至少在优先级上排在算法、状态空间、动作空间和回报函数设计之后。当然，课程学习与这些措施都是相互正交的，完全可以协同发挥作用。

7.3 额外监督信号

DRL 算法需要在回报函数的引导下，学会从原始状态信息中提取出有效特征，并建立起长期决策相关性，从而使 Agent 不断向解空间中的高性能区域深入探索。在上述过程中，回报函数作为唯一的监督信号来源，可谓责任重大。然而，现实中的回报函数可能很稀疏或者设计质量不高，难以承担起这样的责任。从某种意义上说，回报函数的"德不配位"、强化学习在原理层面的固有缺陷，以及深度神经网络对数据的依赖，三者共同导致了 DRL 算法样本效率低下的事实。

针对以上问题，除了持续优化算法和回报函数设计，还可以引入一些额外的监督信号来帮助 DRL 算法更好地完成特征提取和决策相关性的建立，从而有效改善其样本利用率，并提升训练速度和最终性能。上述方案在 DRL 落地实践中得到了广泛应用，按照额外监督信号使用方式的不同，可以大致将其分为两类：与 DRL 算法训练完全解耦的有监督预训练，以及与 DRL 算法训练同步进行的辅助任务。

7.3.1 有监督预训练

在图像分类、检测和分割等有监督学习中，深度神经网络的主干部分（Backbone）往往采用标准网络结构，并利用 ImageNet、MS COCO 等大型公开数据集的预训练参数进行初始化，这几乎已经成为业界常识。这些通用预训练参数拥有强大而丰富的特征提取能力，能够显著提升训练速度和模型性能。类似地，也可以利用各种离线的有监督任务对 DRL 算法的神经网络参数进行预训练，从而降低基层网络在特征提取层面的学习负担。

有计算机视觉算法实践经验的读者应该知道，对于特定任务而言，来自不同公开数据集的预训练模型在最终性能上是有差别的，而且这些通用预训练模型往往不如领域定制（Domain Specific）的预训练模型。例如，一个检测稀有花卉品种的视觉任务更适合采用在类似于 Oxford 102 Flowers 等高相似度数据集上得到的预训练模型，而不是来自 Pascal VOC 或 MS COCO 等"大杂烩"数据集的模型。同样地，对于 DRL 算法而言，**预训练网络提取的高层特征应该与任务目标和回报函数具有强相关性**（见 3.4.2 节），否则将无法为算法训练提供帮助，甚至可能适得其反。

基于以上考虑，在实践中最常采用的方案是模仿学习预训练，其中又以行为克隆（Behavior Cloning）预训练[5,6,14]为主。如图 7-5(a)所示，行为克隆预训练利用有监督训练的方式，使策略网络基于输入状态信息模仿输出对应的专家动作[1]，并建立与既定任务目标高度关联的特征提取能力，从而显著提升后续 DRL 算法的训练效率。当专家数据量不足时，行为克隆预训练容易导致过拟合，此时可以尝试生成式对抗模仿学习（Generative Adversarial Imitation Learning，GAIL）[15]来改善预训练质量［如图 7-5(b)所示］。由于上述预训练方案仅针对策略网络，推荐在后续 DRL 算法训练初期先单独更新值网络至 Loss 稳定后，再恢复正常训练。

---

1 在实践中，专家数据可以通过传统算法或人类示教等方式获取。

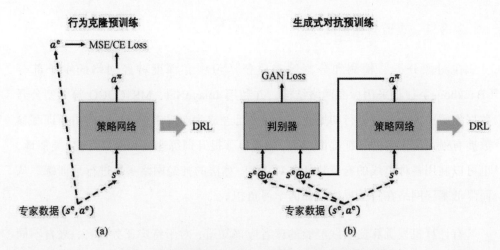

图 7-5 行为克隆预训练和生成式对抗预训练的原理示意图

图(a)在行为克隆预训练中，专家（expert）数据中的状态信息s^e经过策略网络得到输出动作a^π，然后参照对应的专家动作a^e计算 MSE Loss（Mean Squared Error Loss，均方误差损失，适用于连续动作空间）或 CE Loss（Cross-Entropy Loss，交叉熵损失，适用于离散动作空间），再通过梯度回传更新策略网络的参数；图(b)在生成式对抗预训练中，增加了一个判别器用于鉴别$s^e \oplus a^e$和$s^e \oplus a^\pi$两组联合分布的真伪，$\oplus$表示拼接（Concat）操作，而策略网络的优化目标是输出逼真的a^π来迷惑判别器。

在某些任务中，回报函数完全由状态信息决定，即$r(s,a,s')$退化为$r(s)$，在这种情况下可以利用状态信息与回报函数之间的静态映射关系作为监督信号，对神经网络进行回归预训练，从而帮助其提取与回报函数相关的有效特征。训练后的神经网络可以固定为 DRL 算法中策略网络和值网络的 Encoder 部分[16]。如果训练数据充足且具备良好的多样性，神经网络的内插泛化能力将使得 DRL 策略能够迁移至状态空间中从未见过的部分。

7.3.2 辅助任务

另一种利用额外监督信号的方式是在 DRL 算法训练的同时增加辅助任务，以促进神经网络更好地学习特征提取。比起有监督预训练，这种联合训练的方式

虽然具有更高的整体效率，但同时也存在 DRL 算法训练被辅助任务干扰的风险。很多辅助任务表面上与特征学习息息相关，在联合训练初期也确实能够加速 DRL 算法收敛，但在训练中后期却成为策略性能进一步提升的障碍。例如，状态信息重建作为典型的自监督辅助任务，在一些强化学习应用中反而被报告拉低了标准 A3C 的性能[17]；笔者曾尝试用回归任务帮助神经网络从原始状态中提取若干关键信息，但在训练过程中发现辅助任务与 DRL 算法相互干扰，策略性能也不够理想。

以上现象的根源在于辅助任务将过多注意力放在了与回报函数无关的特征学习上，或者辅助任务的信息加工方式与 DRL 算法存在某种内生性冲突，这些问题随着联合训练的进行逐渐显现出来并最终站到 DRL 算法的对立面。根据笔者的实际经验，目前具备普遍应用价值同时不会对 DRL 算法训练引入 Bias 的几种常见辅助任务包括：回报预测、值回放[17,18]和自模仿学习[11]。从本质上说，Distributional（值分布）DRL[19,20]也相当于在单纯值预测的基础上增加了值分布预测的辅助任务，从而提高了样本效率和策略性能，但通常仍将其归入标准算法的组件迭代范畴。

1. 回报预测和值回放

回报预测是指根据最近 k 步的状态序列 $(s_{t-k}, s_{t-k+1}, \cdots, s_{t-1})$ 预测当前回报 r_t [如图 7-6(b)所示]，其背后的原理是鼓励神经网络在状态信息中识别出有希望获得正向奖励的线索，这对 DRL 算法来说是非常有价值的特征。具体做法是将过去若干步的状态信息通过策略网络或值网络的 Encoder 部分得到特征向量，然后拼接到一起并经过一个预测头（Prediction Head）输出关于当前回报的预测值，再参考真实回报计算 MSE Loss 或者关于正负号分类的 CE Loss。上述状态序列均从 Replay Buffer 中采样得到，对于回报函数较为稀疏或者缺乏正向奖励的场景，还需要根据当前回报 r_t 做样本均衡，使参与回报预测的奖励和惩罚的样本比例相近。

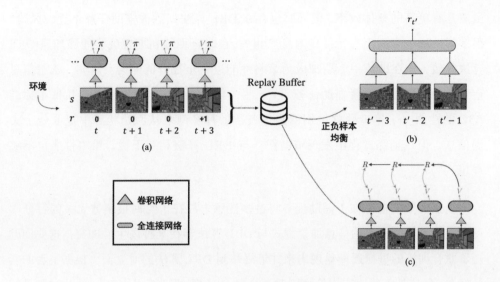

图 7-6　回报预测和值回放的原理示意图

图(a)为 Actor-Critic 结构 DRL 算法的采样过程，新采集的 Episode 除了用于计算更新梯度，还被存储到附加的 Replay Buffer 中；图(b)展示了利用过去三步的状态信息预测当前回报；图(c)展示了值回放的原理。（引自参考文献[17]）

回报预测会改变 Encoder 部分的网络参数，因此可以重复利用 Replay Buffer 中最近采集的 Episode，并从中随机截取长度为n的片段计算多步 Bootstrap 目标 $\sum_{i=0}^{n-1} \gamma^i r_{t+i} + \gamma^n V_\theta(s_{t+n})$，然后根据式（7-1）计算回归损失并对 DRL 算法的值网络做额外更新，这种辅助任务被称为值回放（**V**alue **R**eplay），如图 7-6(c)所示。值回放的必要性主要来自回报预测，因此两者往往捆绑应用。对于 On-Policy DRL 算法而言，基于额外 Replay Buffer 的值回放作为蒙特卡罗在线值拟合（见 5.2.3 节和 5.3.3 节）的补充，本身也会带来一定的性能增益。

$$L^{\text{VR}} = \frac{1}{2}\left(\sum_{i=0}^{n-1} \gamma^i r_{t+i} + \gamma^n V_\theta(s_{t+n}) - V_\theta(s_t)\right)^2 \tag{7-1}$$

以上两种辅助任务都与采样策略（Behavior Policy）有密切关系，如果采样策略与当前策略的差别太大，这两种辅助任务将会对 DRL 算法的训练产生负面影响，因此回报预测和值回放都要求使用最近采集的 Episode，这一点要特别注

意。在实践中可以使用容量较小的 Replay Buffer 以保证内部样本得到及时更新，如果使用了多环境并行采样且采样进程总数较多、数据带宽较大，也可以考虑适当扩大 Replay Buffer。此外，由于回报预测需要做样本均衡，5.2.1 节最后提到的将正负样本分开存放并等比例采样的双桶 Replay Buffer[12]很适合这种场景。

2. 自模仿学习

自模仿学习（Self-Imitation Learning，SIL）[11]的思想非常简单：从 Replay Buffer 存储的旧样本中找出折扣累计回报（Return）高于当前值估计的 Episode，然后对其加以模仿。SIL 在理论层面被证明与 Lower Bound Soft Q-Learning 等价，而 Soft Q-Learning 又与 Actor-Critic 算法（如 A2C）等价[21]，因此 SIL 与 A2C 在本质上拥有共同的学习目标，不会为 A2C 引入 Bias，并且还可以推广到 PPO。SIL 在稀疏回报问题中具有明显优势，由于其使用了额外的 Replay Buffer 并提高了正样本利用率，因此也可以被看作是对标准 DRL 算法样本管理组件的优化措施。

对于 A2C/A3C、PPO 和 IMPALA 等 On-Policy 算法，SIL 的具体使用方法如图 7-7 所示。首先使用当前策略采集一段 Episode，然后根据公式$R_t = \sum_{i=0}^{T-t-1} \gamma^i r_{t+i} + \gamma^{T-t} V_\theta(s_T)$计算 Episode 内每一步的折扣累计回报（这也是 A2C 等算法的常规操作），再将三元结构(s_t, a_t, R_t)存入 Replay Buffer，并在每次执行 SIL 任务时从中随机抽取一个 Batch，按照式（7-2）到式（7-4）计算策略网络和值网络的更新梯度，其中下标"+"代表$R > V_\theta(s)$的样本，不满足该条件的样本将不产生更新梯度。为了提高数据中有效样本的比例，可以参考$R - V_\theta(s)$进行优先级经验回放[22]风格的采样。

$$L_\pi^{\text{SIL}} = -\log \pi_\phi(a|s)(R - V_\theta(s))_+ \tag{7-2}$$

$$L_V^{\text{SIL}} = \frac{1}{2} \left\| (R - V_\theta(s))_+ \right\|^2 \tag{7-3}$$

$$L^{\text{SIL}} = E_{s,a,R\sim\mathcal{D}}\left[L_\pi^{\text{SIL}} + \beta L_V^{\text{SIL}} \right] \tag{7-4}$$

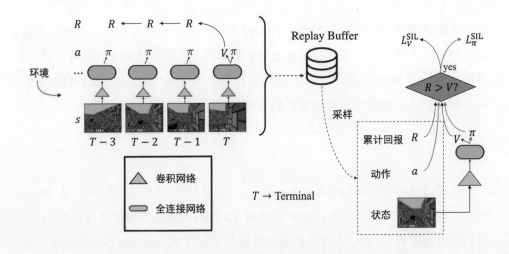

图 7-7　SIL 原理示意图（取材自参考文献[17]）

SIL 也可以被应用于 SAC，但为了不引入 Bias，在计算 Episode 内每一步的累计回报时应该加入 Entropy Bonus（策略熵红利），即 $R_t = r_t + \sum_{i=1}^{T-t-1} \gamma^i (r_{t+i} - \alpha \log \pi_\phi(a_{t+i}|s_{t+i})) + \gamma^T (Q_\theta(s_T, a_T) - \alpha \log \pi_\phi(a_T|s_T))$，相应地，值网络梯度计算变为式（7-5）中的形式。此外，同样可以尝试将 SIL 应用于 TD3、DDPG 甚至 DQN，因为在这些算法中 Lower Bound Q-Learning 仍然成立，SIL 的学习目标就是最优值估计 Q_{θ^*}，并且站在重复利用正样本的角度，这样做也是有益处的。考虑到 SIL 存储数据的格式与主任务不同，并且需要参考 $R - Q_\theta(s, a)$ 做优先级经验回放，因此往往需要设置一个独立的 Replay Buffer。

$$L_Q^{SIL} = \frac{1}{2} \left\| \left(R - Q_\theta(s, a) \right)_+ \right\|^2 \qquad （7-5）$$

SIL 与回报预测和值回放不同，并不要求使用最近采集的 Episode，只要过去样本的折扣累计回报超过当前的值网络估计，就可以对其进行重复利用。此外，优先级经验回放要求在每次采样时都用最新值网络对 Replay Buffer 中的所有样本计算一次值估计，这会消耗可观的运算资源，所以 SIL 的 Replay Buffer 容量通常设置得比较小。SIL 同样可以受益于双桶 Replay Buffer，因为从正样本对应的 Buffer 中采样的数据天然具有更高的有效样本比例。

通过综合分析回报预测、值回放和自模仿学习这三种辅助任务，可以发现它们的共同特点是都与回报函数紧密联系，并与 DRL 算法的学习目标相契合，从而帮助神经网络更高效地学会从状态信息中提取出与决策高度相关的抽象特征，实现提升样本效率和加速算法收敛的目的。这一点恰好与本书 3.3.2 节中介绍的状态空间设计应以回报函数为核心的原则保持一致。

7.4 进化策略

进化策略（Evolution Strategy，ES）是有着悠久历史的传统优化方法。在 DRL 风光无限的 2017 年，OpenAI 提出将 ES 用于策略网络的优化[23]，并在一系列 MuJoCo 运动控制和 Atari 游戏任务中取得了足以与 DRL 算法匹敌的性能。同时，ES 还拥有一些 DRL 所不具备的优势，例如支持超长跨度任务、不需要折扣因子、不受稀疏回报的影响、不用拟合值网络等，并且得益于极低的数据带宽需求，ES 支持超大规模并行化运算。这不仅令学术界开始重新关注 ES 和遗传算法等传统方法在求解 MDP 问题时的优势，并针对 DRL 算法提出了一系列替代或融合方案 [24-27]。在 DRL 落地实践中，ES 同样是常备的性能冲刺方案。

7.4.1 基本原理

如图 7-8 所示，ES 首先在策略网络的参数空间中随机选择一个起点（对应网络参数初始化），然后在其周围用标准差为 σ 的高斯噪声做小规模扰动，并生成 N 组扰动后的新参数。如式（7-6）所示，通过 $F(\cdot)$ 独立评估每组新参数的性能并输出一个量化指标，学术界称其为适应度（以下记作 Fitness）。接下来，根据 Fitness 计算各组参数对应扰动的加权平均得到梯度，并按照学习率 α 更新策略网络的参数 θ [见式（7-7）]。重复以上步骤，直至 θ 收敛至某个局部最优[1]。在 ES 中，扰动后的 N 组新参数构成一个种群（Population），而每完成一次参数更新则称为一代（Generation），

---

1 尽管 ES 只能得到局部最优解，但考虑到深度神经网络的不同局部最优解性能都差不多[29]，
  因此 ES 仍然是一种强有力的优化方法。

式（7-6）和式（7-7）中的下标i和t分别表示种群内的个体编号和更新代数。

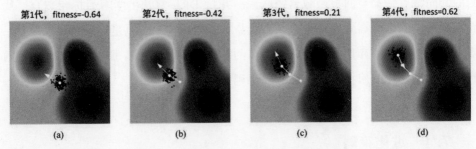

第1代，fitness=-0.64　　第2代，fitness=-0.42　　第3代，fitness=0.21　　第4代，fitness=0.62

(a)　　　　　　(b)　　　　　　(c)　　　　　　(d)

图 7-8　ES 算法中网络参数更新过程示意图

在图 7-8 中所示的网络参数空间内，白点表示每一代的参数位置，周围密集的黑点表示扰动后的参数种群，白色箭头表示当前代的梯度估计。

$$\text{fitness}_i = F(\theta_t + \sigma\epsilon_i), \quad \epsilon_i \sim \mathcal{N}(0, I) \tag{7-6}$$

$$\theta_{t+1} = \theta_t + \alpha\frac{1}{N\sigma}\sum_{i=1}^{N}\epsilon_i\text{fitness}_i \tag{7-7}$$

严格地说，基于 ES 的策略网络优化也属于一种特殊的策略梯度（Policy Gradient）算法，只不过 ES 直接针对所有网络参数计算更新梯度，不需要像 REINFORCE[8]那样做梯度回传，从而规避了梯度爆炸或梯度消失等神经网络训练过程中常见的不稳定性来源。此外，站在 DRL 算法的视角，在整个参数空间中做扰动达到的探索效果，要强于ϵ-greedy、加性噪声和随机采样等只在动作空间扰动的常规探索方式，这也是 ES 相对于 DRL 的另一个潜在优势。为改善 DRL 算法探索而在最后若干层网络上扰动的参数噪声[28]，则是介于两者之间的折中方案。

7.4.2　关键细节

为了确保基于 ES 的策略网络优化方案达到较为理想的效果，还有一些关键应用细节需要深入说明，接下来笔者将根据实践经验分别予以介绍。

1．适应度

ES 中的 Fitness 是用来衡量某一组网络参数性能的量化指标。若将 ES 作为

DRL 的替代算法，Fitness 可以采用无折扣的累计回报，而无须顾忌 Episode 过长或者回报函数过于稀疏的问题；在实际应用中，回报函数和期望累计回报的最大化仅仅是手段而非目的，因此最适合作为 Fitness 的是 6.3.3 节介绍的针对特定任务的独立性能指标。事实上，这种"直奔主题"的能力也是 ES 相对于 DRL 算法的另一个优势，即省去了贡献度分配和回报函数设计的麻烦，也就避免了因病态回报函数设计导致的各种问题（见 4.4 节）。

对于 Fitness 来说，最关键的是具备稳定的可区分性，即不同评估进程返回的 Fitness 应该能够可靠地反映各自网络参数性能的优劣关系，这对于计算高质量的更新梯度非常重要。为了实现上述目的，一种方案是通过严格控制评估流程 $F(\cdot)$ 中核心要素的一致性，如环境属性、任务设定、Agent 起始状态和评估时长等，此时 Fitness 仅由网络参数决定，从而使梯度计算更有针对性，其缺点是容易导致策略对特定评估流程的过拟合。在实践中，除了尽量保证评估流程足够丰富和全面，也可以考虑每一代内部采用相同的评估流程，而代际间通过随机性刻意制造区别。

另一种方案是每个评估进程均使用不同的随机种子来生成环境和设定任务，从而使 ES 具有一定的泛化能力。此时 Fitness 由网络参数和上述随机因素共同决定，而后者可能干扰 Fitness 如实反映不同网络参数间的性能优劣关系。这就要求每一代都评估足够长的步数来平抑噪声，但同时也会延长 ES 的训练时间。一般地，网络参数在训练初期对 Fitness 的影响大于随机因素，使策略朝着正确的方向更新；到了训练后期，由于策略已经进入参数空间内的局部最优区域，有效梯度渐趋于零，随机因素的影响占据主导地位，导致策略在局部最优点附近来回震荡。可以说，**策略性能的上限取决于有效梯度被随机性湮没的位置。**

在实际应用中，Fitness 的绝对值可能很大，还可能存在离群值（Outlier），为了提高 ES 训练的稳定性，通常还需要采取适应度塑形（Fitness Shaping）操作[30]。具体做法是将种群内所有 Fitness 从小到大进行排序，然后用第 i 个个体的排名 $rank_i$ 代替式（7-7）中的 $fitness_i$ 计算梯度。此外，还可以参考式（7-8）对 $rank_i$ 做进一步变换，突出种群内高性能个体对梯度的影响力（如图 7-9 所示）。如果把

网络参数空间看作强化学习的动作空间，这样做相当于提升了正样本利用率。在实践中，可以根据需要采用不同的变换形式，只要变换后的数值u_i相对于排名保持单调递增即可。

$$u_i = \frac{\max\left(0, \log\left(\frac{N}{2}+1\right) - \log(N+1-\text{rank}_i)\right)}{\sum_{i=1}^{N} \max\left(0, \log\left(\frac{N}{2}+1\right) - \log(N+1-\text{rank}_i)\right)} - \frac{1}{N} \qquad (7\text{-}8)$$

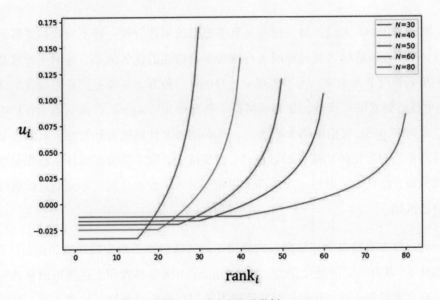

图 7-9　适应度塑形举例

图 7-9 中 N 表示种群规模，式（7-8）所示的适应度塑形方案将种群内适应度排名后 50% 的个体权重变为略小于 0 的负数，而前 50% 的个体权重随着排名呈指数上升，更新梯度将更偏向高性能个体所在的区域。

2.镜像采样

从数学角度分析，ES 相当于用有限的采样方向来估计 Fitness 在网络参数空间中的**最速上升梯度**。为了降低梯度计算的方差，通过参数扰动生成新一代种群时常使用镜像采样的方式采集扰动噪声。对于任何一个扰动噪声 ϵ_i，都相应地增加其反方向的镜像噪声 $-\epsilon_i$，即种群个体成对产生。此外，为了能够在理论上得

到对应局部最优点的个体，往往还会在种群内包含一个不添加任何扰动的个体。因此，使用镜像采样的 ES 种群内包含的个体数量为奇数。图 7-10 展示了镜像采样的原理。

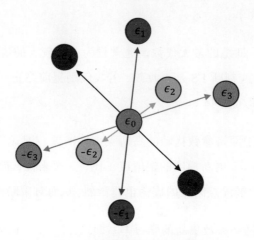

图 7-10　镜像采样原理示意图

图 7-10 中 ϵ_n 代表策略网络参数空间内的高维扰动噪声，当前参数叠加这些噪声后成对产生新一代种群中的参数个体，全零向量 ϵ_0 使当前参数作为特殊个体也加入新一代种群中。

3．L2 正则化和虚拟批归一化

为了防止在训练过程中发生过拟合，还可以在梯度更新时增加 L2 衰减（L2 Decay）对策略网络参数进行正则化；对于类似于 Atari 游戏等以原始图像作为输入的任务，还可以使用深度学习中常见的批归一化（Batch Normalization，BN）操作，虽然 ES 特有的网络参数更新方式使得该操作难以直接调用 TensorFlow 或 Pytorch 中的现成组件，但手工模拟 BN 层能够起到同样的效果[23]。

4．主要超参数

种群规模：种群内的个体数量，即式（7-7）和式（7-8）中的 N。种群规模越大，更新梯度对最速上升梯度的估计越准确，ES 的收敛速度也越快。由于各

评估进程间只需要传递单个标量（即 Fitness），ES 对通信带宽的需求远低于采用多环境并行采样的 DRL 算法，因此非常适合扩展至超大规模并行化运算。在实践中，应根据内存和 CPU 承载能力的上限，采用尽可能大的种群规模，从而显著提升 ES 的训练效率。

迭代次数：ES 训练的最大代数。通常设为一个较大的值，然后根据种群平均 Fitness 的变化曲线判断 ES 是否收敛，若收敛则提前终止训练，最终输出的策略为末代种群中的最优个体。

扰动强度：用于网络参数扰动的高斯噪声标准差，即式（7-6）和式（7-7）中的 σ。扰动强度与 ES 更新梯度的幅值成正比，一般来说，扰动越强算法收敛越快，但收敛后在局部最优点附近的震荡也越激烈，从而对策略性能产生负面影响。

学习率：用于网络参数更新的学习率，即式（7-7）中的 α。学习率与扰动强度起作用的方式类似，学习率越大算法收敛越快，但收敛后的性能震荡也越激烈［如图 7-8(d)所示］。在实践中，通常对学习率和扰动强度做线性退火（Annealing），使它们随着训练的进行不断减小，从而在训练前期的收敛速度和后期的收敛性能之间取得平衡。

7.4.3　应用方式

ES 作为 DRL 算法的有力竞争者，在具备大量 CPU 核和足够内存的情况下，可以尝试直接用 ES 从头训练策略网络，然后再与 DRL 算法训练得到的策略进行性能对比，并从中择优部署。然而，在计算资源有限的情况下，**失去了超大规模并行化优势的 ES 在绝对收敛速度上可能不如 DRL 算法**，此时可以采用"先 DRL 后 ES"的组合策略优化方案，即在 DRL 算法训练收敛后，再利用 ES 对策略网络进行调整（Finetune）。理论上，凡是具有独立策略网络的 DRL 算法，如 DDPG、A2C/A3C、TD3、SAC、PPO 等，均可采用这种方案进一步提升策略性能。

上述 DRL+ES 的组合优化方案在实践中取得了良好的效果，其中 ES 算法甚至可以在部署环境中对策略网络进行在线微调，这有助于缓解仿真环境的 Reality

Gap 问题[31]。由于策略网络在部署时已经具备了较高性能,因此在实际应用场景中通常可以接受用**串行方式**以较慢的速度评估不同扰动的 Fitness,并间歇式更新策略网络的参数。当然,在这个过程中需要注意合理设置 ES 的超参数,并采取必要措施避免因网络参数的变化导致异常或危险的发生。

7.5 本章小结

本章介绍了三种能够进一步改善 DRL 算法训练和提升算法性能的通用方案:课程学习、额外监督信号和进化策略。其中 7.1 节指出本书之前章节介绍的算法设计和调试方面的技巧仍可能存在不足,需要为性能冲刺常备一些补充方案;7.2 节讨论了将课程学习思想引入 DRL 算法训练的方案,介绍了不同类型的源任务及其具体应用方式;7.3 节介绍了两种利用额外监督信号提升 DRL 算法样本效率的方案,即有监督预训练和辅助任务,同时指出使用辅助任务的风险和注意事项;7.4 节介绍了将进化策略作为 DRL 算法的替代或补充方案,并讨论了进化策略的基本原理、关键细节和应用方式。

受限于笔者的个人经验,以上三种方案仅仅是管中窥豹,在学术界还可以找到更多值得参考的方法。例如,以蒙特卡罗树搜索(Monte Carlo Tree Search,MCTS)为代表的前向搜索方法作为 DRL 算法默认探索方式的增强版本,能够显著提升正样本的发现和利用效率,并有效克服稀疏回报的问题。自从 AlphaGo 问世以来,将 MCTS 与 DRL 算法结合的方案获得了广泛关注和实际应用[5,32-35]。然而,MCTS 只适用于离散动作空间,并且要求事先知道环境模型(即状态转移概率),这在很大程度上限制了其应用范围。

近年来,学术界将越来越多的注意力转移到 Model-Based DRL 上,试图借助深度神经网络的强大表征能力自动学习环境模型并用来辅助决策[36,37]。然而,要在复杂的任务中精确地对环境模型进行建模绝非易事,并且建模误差还会反过来干扰决策,使得算法的整体性能反而逊于 Model-Free DRL 算法[38]。DeepMind 在 2019 年年底提出了 MuZero[39],放弃对完整环境模型的学习,而只关注与决策相关的

主要因素，并与 MCTS 结合取得了喜人成果。总之，Model-Based DRL 及其与前向搜索的结合方案代表了未来的发展趋势，笔者将与读者一起持续关注该领域的进展。

参考文献

[1] BENGIO Y, LOURADOUR J, COLLOBERT R, et al. Curriculum Learning[C]//Proceedings of the 26th Annual International Conference on Machine Learning. 2009: 41-48.

[2] NARVEKAR S, SINAPOV J, LEONETTI M, et al. Source Task Creation for Curriculum Learning[C]//Proceedings of the 2016 International Conference on Autonomous Agents & Multiagent Systems. 2016: 566-574.

[3] LEVINE S, PASTOR P, KRIZHEVSKY A, et al. Learning Hand-Eye Coordination for Robotic Grasping with Deep Learning and Large-Scale Data Collection[J]. The International Journal of Robotics Research, 2018, 37(4-5): 421-436.

[4] KALASHNIKOV D, IRPAN A, PASTOR P, et al. Qt-Opt: Scalable Deep Reinforcement Learning for Vision-Based Robotic Manipulation[DB]. ArXiv Preprint ArXiv:1806.10293, 2018.

[5] LI J, KOYAMADA S, YE Q, et al. Suphx: Mastering Mahjong with Deep Reinforcement Learning[DB]. ArXiv Preprint ArXiv:2003.13590, 2020.

[6] VINYALS O, EWALDS T, BARTUNOV S, et al. Starcraft II: A New Challenge for Reinforcement Learning[DB]. ArXiv Preprint ArXiv:1708.04782, 2017.

[7] LONG P, FAN T, LIAO X, et al. Towards Optimally Decentralized Multi-Robot Collision Avoidance via Deep Reinforcement Learning[C]// 2018 IEEE International Conference on Robotics and Automation (ICRA). IEEE, 2018: 6252-6259.

[8] SUTTON R S, BARTO A G. Reinforcement Learning: An Introduction[M].2nd ed. Cambridge: MIT press, 2018.

[9] FLORENSA C, HELD D, GENG X, et al. Automatic Goal Generation for Reinforcement Learning Agents[C]//International Conference on Machine Learning. PMLR, 2018: 1515-1528.

[10] ANDRYCHOWICZ M, WOLSKI F, RAY A, et al. Hindsight Experience Replay[DB]. ArXiv Preprint ArXiv:1707.01495, 2017.

[11] OH J, GUO Y, SINGH S, et al. Self-Imitation Learning[C]//International Conference on Machine Learning. PMLR, 2018: 3878-3887.

[12] NARASIMHAN K, KULKARNI T, BARZILAY R. Language Understanding for Text-Based Games Using Deep Reinforcement Learning[DB]. ArXiv Preprint ArXiv:1506.08941, 2015.

[13] ECOFFET A, HUIZINGA J, LEHMAN J, et al. Go-Explore: A New Approach for Hard-Exploration Problems[DB]. ArXiv Preprint ArXiv:1901.10995, 2019.

[14] SILVER D, HUANG A, MADDISON C J, et al. Mastering the Game of Go with Deep Neural Networks and Tree Search[J]. Nature, 2016, 529(7587): 484-489.

[15] HO J, ERMON S. Generative Adversarial Imitation Learning[DB]. ArXiv Preprint ArXiv:1606.03476, 2016.

[16] MIRHOSEINI A, GOLDIE A, YAZGAN M, et al. Chip Placement with Deep Reinforcement Learning[DB]. ArXiv Preprint ArXiv:2004.10746, 2020.

[17] JADERBERG M, MNIH V, CZARNECKI W M, et al. Reinforcement Learning with Unsupervised Auxiliary Tasks[DB]. ArXiv Preprint ArXiv:1611.05397, 2016.

[18] Papoudakis G, Chatzidimitriou K C, Mitkas P A. Deep Reinforcement Learning for Doom Using Unsupervised Auxiliary Tasks[DB]. ArXiv Preprint ArXiv:1807.01960, 2018.

[19] BELLEMARE M G, DABNEY W, MUNOS R. A Distributional Perspective on Reinforcement Learning[C]//International Conference on Machine Learning. PMLR, 2017: 449-458.

[20] BARTH-MARON G, HOFFMAN M W, BUDDEN D, et al. Distributed Distributional Deterministic Policy Gradients[DB]. ArXiv Preprint ArXiv:1804.08617, 2018.

[21] SCHULMAN J, CHEN X, ABBEEL P. Equivalence Between Policy Gradients and Soft Q-Learning[DB]. ArXiv Preprint ArXiv:1704.06440, 2017.

[22] SCHAUL T, QUAN J, ANTONOGLOU I, et al. Prioritized Experience Replay[DB]. ArXiv Preprint ArXiv:1511.05952, 2015.

[23] SALIMANS T, HO J, CHEN X, et al. Evolution Strategies as A Scalable Alternative to Reinforcement Learning[DB]. ArXiv Preprint ArXiv:1703.03864, 2017.

[24] CONTI E, MADHAVAN V, SUCH F P, et al. Improving Exploration in Evolution Strategies for Deep Reinforcement Learning via A Population of Novelty-Seeking Agents[DB]. ArXiv Preprint ArXiv:1712.06560, 2017.

[25] HOUTHOOFT R, CHEN R Y, ISOLA P, et al. Evolved Policy Gradients[DB]. ArXiv Preprint ArXiv:1802.04821, 2018.

[26] SUCH F P, MADHAVAN V, CONTI E, et al. Deep Neuroevolution: Genetic Algorithms Are A Competitive Alternative for Training Deep Neural Networks for Reinforcement Learning[DB]. ArXiv Preprint ArXiv:1712.06567, 2017.

[27] Chang S, Yang J, Choi J, et al. Genetic-Gated Networks for Deep Reinforcement Learning[C]//NeurIPS. 2018: 1754-1763.

[28] PLAPPERT M, HOUTHOOFT R, DHARIWAL P, et al. Parameter Space Noise for Exploration[DB]. ArXiv Preprint ArXiv:1706.01905, 2017.

[29] SKOROKHODOV I, BURTSEV M. Loss Landscape Sightseeing with Multi-Point Optimization[DB]. ArXiv Preprint ArXiv:1910.03867, 2019.

[30] WIERSTRA D, SCHAUL T, GLASMACHERS T, et al. Natural Evolution Strategies[J]. The Journal of Machine Learning Research, 2014, 15(1): 949-980.

[31] 笪庆, 曾安祥.强化学习实战：强化学习在阿里的技术演进和业务创新 [M].北京：电子工业出版社，2018

[32] JIANG D, EKWEDIKE E, LIU H. Feedback-Based Tree Search for Reinforcement Learning[C]//International Conference on Machine Learning. PMLR, 2018: 2284-2293.

[33] SILVER D, HUBERT T, SCHRITTWIESER J, et al. Mastering Chess and Shogi by Self-Play with A General Reinforcement Learning Algorithm[DB]. ArXiv Preprint ArXiv:1712.01815, 2017.

[34] SEGLER M H S, PREUSS M, WALLER M P. Planning Chemical Syntheses with Deep Neural Networks And Symbolic AI[J]. Nature, 2018, 555(7698): 604-610.

[35] BROWN N, SANDHOLM T. Superhuman AI for Multiplayer Poker[J]. Science, 2019, 365(6456): 885-890.

[36] SEKAR R, RYBKIN O, DANIILIDIS K, et al. Planning to Explore via Self-Supervised World Models[C]//International Conference on Machine Learning. PMLR, 2020: 8583-8592.

[37] HAMRICK J B, FRIESEN A L, BEHBAHANI F, et al. On the Role of Planning in Model-Based Deep Reinforcement Learning[DB]. ArXiv Preprint ArXiv:2011.04021, 2020.

[38] FRANCOIS-LAVET V,HENDERSON P,ISLAM R,et al.An Introduction to Deep Reinforcement Learning[J].Foundations and Trends in Machine Learning, 2018,11(3-4):219-354.

[39] SCHRITTWIESER J, ANTONOGLOU I, HUBERT T, et al. Mastering Atari, Go, Chess and Shogi by Planning with A Learned Model[J]. Nature, 2020, 588(7839): 604-609.

从 AlphaGo 围棋智能的突破开始，学术界和工业界都在努力寻求强化学习领域的突破，先进的理论算法和开源代码正不断地涌现，但它们的流行对落地应用的支撑还远远不够。强化学习领域需要更多脚踏实际问题的攻坚者，更多立足工程对象的实践者，更多孜孜不倦的求道者。期待此书的出现将进一步促进强化学习的落地应用，也期待更多同仁分享自己的实践心得，为这一方向增光添彩。

李升波

清华大学车辆与运载学院长聘教授、博士生导师

2021 年 6 月于清华园

推荐序

　　强化学习是机器学习和自动控制领域的重要研究方向，不仅是实现强人工智能的重要手段，而且具有深刻和丰富的哲学内涵。目前，强化学习理论研究已有长足进步，被尝试用于诸多领域，如自动驾驶、机器人、工业控制、棋类游戏、广告推荐等，受到学术界和工业界的广泛重视。以 DDPG、PPO、TD3、DSAC、MAC、MPG 为代表的算法，正不断突破传统方法的局限和瓶颈，持续提升训练效率和策略性能，力图打破仿真和现实的壁垒。然而，如何将理论应用于实际，仍然是该领域所有学者的重要任务。作为一本讨论强化学习落地应用的书籍，此书的出现可以说恰逢其时，与行业需求同声相应，应予以重视。

　　该书有别于以理论算法为核心的同类书籍，主要从实用性角度对强化学习进行了归纳和梳理，论述的重点围绕如何解决实际问题展开，包括：动作空间的设计、状态空间的搭建、回报函数的构造、算法的选择和调试等。借用王国维先生的一句话，任何算法从学术界到工业界都要经历"独上高楼，望尽天涯路"到"衣带渐宽终不悔，为伊消得人憔悴"的转变，直至"蓦然回首，那人却在灯火阑珊处"的突破。此书囊括了作者对强化学习应用落地的全新思考，涉及知识丰富，联系问题突出，条理清晰，可读性好。此外，为便于读者理解，作者采用了一些通俗易懂且不失幽默的叙述和图示，让我们会心一笑的同时，也感激写书者的良苦用心。

内 容 简 介

本书从工业界一线算法工作者的视角，对深度强化学习落地实践中的工程经验和相关方法论做出了深度思考和系统归纳。本书跳出原理介绍加应用案例的传统叙述模式，转而在横向上对深度强化学习落地过程中的核心环节进行了完整复盘。本书主要内容包括：需求分析和算法选择的方法，动作空间、状态空间和回报函数设计的理念，训练调试和性能冲刺的技巧等。本书既是前人智慧与作者个人经验的交叉印证和精心整合，又构成了从理论到实践再到统一方法论的认知闭环，与市面上侧重于算法原理和代码实现的强化学习书籍形成了完美互补。

本书适合所有对深度强化学习落地过程感兴趣的读者参考和借鉴，也可作为新手入门的指导性提纲。

图书在版编目（CIP）数据

深度强化学习落地指南 / 魏宁著. —北京：电子工业出版社，2021.8
ISBN 978-7-121-41644-6

Ⅰ. ①深… Ⅱ. ①魏… Ⅲ. ①机器学习－指南 Ⅳ.①TP181-62

中国版本图书馆 CIP 数据核字（2021）第 147400 号

责任编辑：郑柳洁
印　　刷：天津千鹤文化传播有限公司
装　　订：天津千鹤文化传播有限公司
出版发行：电子工业出版社
　　　　　北京市海淀区万寿路 173 信箱　邮编：100036
开　　本：720×1000　1/16　印张：12.25　字数：202 千字
版　　次：2021 年 8 月第 1 版
印　　次：2021 年 8 月第 1 次印刷
定　　价：109.00 元

凡所购买电子工业出版社图书有缺损问题，请向购买书店调换。若书店售缺，请与本社发行部联系，联系及邮购电话：(010) 88254888，88258888。

质量投诉请发邮件至 zlts@phei.com.cn，盗版侵权举报请发邮件至 dbqq@phei.com.cn。

本书咨询联系方式：010-51260888-819，faq@phei.com.cn。

深度强化学习
落地指南

魏宁 著

电子工业出版社·
Publishing House of Electronics Industry
北京·BEIJING